アナウンサーという仕事

尾川直子

青弓社

アナウンサーという仕事

目次

第3章 アナウンサーの合格体験記

第4章

実際の放送局の現場について

第5章

アナウンサーという仕事

第6章

アナウンサーを目指した先に……182

カバーイラスト――市村ゆり
装丁――山田信也［スタジオ・ポット］

はじめに

二〇〇三年の年明け、私は大阪産業大学附属高校で英語の非常勤講師をしていました。放送局を退社したら「先生」と呼ばれる仕事に就きたいと思っていたのでやりがいがある毎日でしたが、年度末までの契約だったこともあって、次の仕事はどうしようかとも考えていました。そんなとき、新聞の求人欄に早稲田セミナー（現ＴＡＣ）の求人広告を見つけました。そこには「アナウンサー講座の講師募集」と出ていました。〇一年六月に熊本放送を退社してそんなに年月がたっていなかったこともあって、「ああ、この仕事がしたい」と思い、すぐに応募書類を送りました。

早稲田セミナー梅田校で二人の担当社員と会ったときに、「いま、企業にしろ官公庁にしろ、志望者に求められているのはコミュニケーション能力です。アナウンサーはその最たるものだと思います。先生にはぜひ、本当のコミュニケーション能力を持つことの大切さを受講生に伝えてほしい」と言われました。採用が決まり、二〇〇三年は高村昭先生（元毎日放送アナウンサー）のアシスタントをして、〇四年から高村先生とともに梅田校と京都校のアナウンサー講座を受け持ちました。

アナウンサー講座の受講生の大半は大学三年生で、たまに二年生や四年生、大学院生もいました。なかには四国から高速バスで通ってくる人もいました。おかげさまで、初年度から放送局への合格者を出すことができ、それからは合格者を出せる講座として、毎年すぐに定員が埋まるようになりました。二〇一一年に東京に住まいを移したのを機にアプローズキャリアを主宰して、引き続きアナウンサー志望者への指導をしています。

アナウンサー志望者に教えているのは発声や発音だけではありません。エントリーシートの添削をしたり、作文や論文の指導をしたりすることもあります。そのうちに併願先の企業のエントリーシートを持ってくる受講生も増えてきました。アナウンサー志望者のうち、アナウンサー職しか受験しないという人はまれです。多くの人が放送局の一般職（総合職）も受験するし、他業界を受験することも少なくありません。私は他業界への受験も積極的に勧めています。受講生には広い視野を持ってほしいからです。また、日本には良くも悪くも新卒至上主義のような考え方があるので、貴重な新卒カードを大切に切ってほしい、新卒の正社員としてどこかに就職してほしいという思いもあります。

そこで本書では、アナウンサーになった人の合格体験記だけではなく、アナウンサーにならなかった人の就職活動記も載せています。アナウンサー志望者のみなさんの悩みの一つである「併願先」選びの参考にしてください。

また本書では多くの方々にインタビューしていますが、肩書や仕事内容などはインタビュー当時のものになっています。どうぞご了承ください。

放送局は時代の変化を最も早く感じ取れる場所の一つです。その場所にたどり着くためには狭き門を通らなくてはなりませんが、本書を読んでくださったみなさんが何かのヒントを得て、すてきなキャリアを歩んでいくお手伝いができたらうれしく思います。

第1章 アナウンサーとは

1 五分でわかるアナウンサー

日本の場合、アナウンサーといっても、放送局に所属するアナウンサーと、放送局に所属しないアナウンサーがいます。前者は「局アナ」と略されることが多い局アナウンサー、後者はフリーアナウンサーと呼ばれています。

アナウンサーの仕事には、以下のようなものがあります。

・ニュースを読む。
・天気予報を伝える。
・リポートをする。
・インタビューをおこなう。

・番組の進行役（司会）やアシスタントをする。
・イベントの進行役（司会）やアシスタントをする。
・スポーツの実況をおこなう。
・番組のナレーションをおこなう。
・CMや提供枠などのナレーションをおこなう。

ニュースを読む

放送局所属のアナウンサーになった人でニュースを読んだことがない人は、おそらくいないでしょう。アナウンサーの仕事のなかで最も多い仕事が「ニュースを読む」ことです。ラジオ・テレビの兼営局ではそれぞれが伝えるニュースがあります。

私が勤務していた熊本放送では、当時ラジオニュースは熊本日日新聞社に編成権があり、テレビニュースは自社制作でした。ラジオニュースは共同通信社からの海外ニュースも含め、熊本県以外のニュースも読まなくてはなりません。テレビニュースは、熊本県でのニュースを読んでいました。テレビもラジオも、オンエア時刻の三十分ぐらい前に原稿がそろいます。それまでに発声練習をすませ、下読みをおこなってから本番に臨みます。たまに「つっこみ」といって、緊急のニュースが入ることもありました。

また、放送時間が長いニュース番組を担当するアナウンサー、自分で取材して報道するアナウンサーのことは「キャスター」と呼ばれます。キャスターは局アナウンサーだけではなく、久米宏さんや古舘伊知郎さん、有働由美子さんのように以前は局のアナウンサーだった方、筑紫哲也さんや安藤優子さんのようなジャーナリスト出身の方、市川紗椰さん、ホラン千秋さんといったタレントが担当することもあります。

天気予報を伝える

ラジオやテレビで天気予報を伝える仕事です。放送局によっては気象予報士が担当することもあります。また、気象予報士の資格を持ったアナウンサーが担当することもあります。フリーアナウンサーやタレントを使う放送局もあるので、「アナウンサーの仕事」としては少なくなっているようです。天気予報と一緒に「季節の話題」を伝えることもあります。

リポートをする

リポートは放送局のスタジオ以外の場所からニュースを伝えることです。生放送の場合もあれば、録画や録音の場合もあります。事件や事故が起きた現場、台風や地震などの災害現場、そしてスポーツの現場などが主なところです。リポートでは、報道記者が書いた原稿を読むケースもありますが、ほとんどの原稿をアナウンサーが用意しています。

インタビューをおこなう

ディレクターや報道記者が制作する番組のなかで、取材対象者にインタビューします。また、スポーツの中継現場で、勝利したチームの監督や選手に話を聞いたり、ときには観客席にいる観客にインタビューすることもあります。

番組の進行役（司会）やアシスタントをする

番組のなかでの進行役をつとめたりアシスタントをおこなうこともあります。ディレクターが作った台本に従って、番組を進めていきます。放送時間が長い番組や生放送の番組の場合は事前に打ち合わせがありますし、本番前はリハーサルがおこなわれます。

イベントの進行役（司会）やアシスタントをする

イベントのなかでの進行役やアシスタントをつとめます。これも台本に従ってイベントを進めていきます。イベントは放送局内よりも社外のホールやイベント会場、野外などでおこなわれることが多いです。イベント、という点から、実際には放送されないことも少なくありません。

スポーツの実況をおこなう

スポーツの試合やレースなどを実況します。先述したように、ニュースはジャーナリストやタレント、天気予報は気象予報士が伝えることが増えてきたために、アナウンサーの職域は狭まりつつあります。しかし、こういった状況のなかで、スポーツ実況はアナウンサーにしかできない、アナウンサーの最後の砦だといわれています。

アナウンサーが実況する主なスポーツは野球、サッカー、バレーボール、ラグビー、アメリカンフットボール、テニス、ゴルフ、柔道、陸上競技、水泳競技などが挙げられます。NHKではいわゆるマイナースポーツの実況もしていますし、オリンピックではNHKのアナウンサーはもちろん、民間放送のアナウンサーもほぼすべてのスポーツの実況に関わります。

以前は女性の高い声はスポーツ実況に不向きだとされてきましたが、最近は女性アナウンサーも実況に取り組んでいます。

番組のナレーションをおこなう

ディレクターや報道記者が制作する番組のなかで、ナレーターとして「ナレーション」の部分を読む仕事です。ナレーションでは、番組の世界観を損なわないアナウンスメントが求められます。ラジオ番組では「朗読」をおこなうこともあります。

CMや提供枠などのナレーションをおこなう

CM制作に携わる機会も豊富にあります。テレビの場合は映像に合わせて、ラジオの場合はBGMやチャイム音などに合わせて、ナレーションを読みます。「提供枠のナレーション」というのは番組の前後に流れる、「この番組は○○の提供でお送りします（お送りしました）」といったアナウンスメントのことです。また、「○○ラジオが○時をお知らせします」といった時報のアナウンスメントを録音する仕事もあります。

2 アナウンサーになるには

放送局には多くの小学生や中学生が「社会見学」に来ます。また、高校生、大学生、社会人、あるいは姉妹局の提携を結んでいる海外の局からのお客さまも来ます。私が放送局に勤務していた頃、ある小学校のみなさんを案内する機会がありました。最後に「何か質問がありますか？」と聞いたところ、「アナウンサーの免許をどこで取ったのですか？」という質問を受けたことがあります。

アナウンサーは医師や看護師、薬剤師、美容師のような国家資格がなければできない仕事ではありません。したがって、国家試験もありません。ただ、放送局は国（総務省）からの免許事業です。そのため、アナウンサーには免許事業をおこなっている企業の顔としての社会性や責任が強く求められます。

アナウンサーになるには、それぞれの放送局がおこなっている採用試験を受験する必要があります。以前は高校卒業者や短期大学卒業者にも門戸が開かれていましたが、近年は大学卒業見込み者、大学既卒者（大学院修了見込み者）に絞られています。一方で、受験可能年齢は以前は二十四歳までとする放送局もありましたが、最近では三十歳頃まで延びているほか、経験者採用の枠も広がってきています。

アナウンサー受験は、大学三年生の夏におこなわれる放送局のインターンシップに応募したり、キー局でおこなわれるアナウンサーセミナーに参加することから始まります。インターンシップやアナウンサーセミナーへの参加は義務づけられてはいませんが、多くの人はここがスタートのようです。

インターンシップは誰でも参加できるものではありません。放送局が受け入れられる人数には限りがあるため、エントリーシートによる書類選考や面接などがおこなわれます。アナウンサーセミナーでは、放送局のアナウンサーによるアナウンスメントなどのレクチャーや、スタジオ見学などがあり、ここで採用担当者の目に留まれば秋のセミナーに呼んでもらえることもあります。系列のローカル局の採用情報を教えてもらえることもあります。

アナウンサー受験は三年生の秋から冬頃がスタートです。経団連（日本経済団体連合会）の方針が毎年変わるので明確な時期はお伝えできませんが、遅くとも十二月には始まります。最初に募集を開始するのは在京のキー局からです。流れとして、エントリーシートによる書類選考、面接と進んでいきます。途中で、作文試験やＳＰＩ（適性検査）などの筆記試験もおこなわれます。最終面接の前には健康診断もありますが、合格の場合は早ければ年内には内定が出ます。

キー局の募集開始に続いて、在阪の準キー局、愛知県、北海道、福岡県などの準キー局の試験が始まっていきます。ローカル局は時期にかなりばらつきがあります。早い局だと例年二月ぐらいからエントリーシートの受け付けが始まりますが、遅い場合だと十二月頃に採用試験をおこなうところもあります。

注意してほしいのは、すべての局で毎年採用試験をおこなっているわけではないということです。

特にローカル局の場合は、採用に関して五年ぐらいのインターバルを空ける局もあります。小さい頃から憧れている放送局があっても、その年は採用試験がないということも珍しくありません。

ＮＨＫは正社員としてのアナウンサー試験を四月から五月頃に開始します。これとは別に、全国各地の局で契約アナウンサーの採用試験をおこなっています。この募集については女性を対象とするものがほとんどで、試験の時期もばらばらです。気になっている局があれば、ウェブサイトをこまめにチェックしておくといいかもしれません。ＮＨＫの契約アナウンサー試験は、最初の書類選考時に履歴書と四百字程度の作文を提出することが多いようです。正社員のアナウンサー試験のような何枚にも及ぶエントリーシートはありませんし、民間放送局のようなエントリーシートもありません。書類選考に通過したら、現地での試験になります。試験は面接に加えて原稿読み、カメラテストなどの実技試験、漢字などの筆記試験がおこなわれています。

フリーアナウンサーは、基本的には局アナウンサーだった人が放送局を退社して、どこかの事務所や芸能プロダクションに所属するケースが多くみられます。ただ、局アナウンサーの経験がなくても、契約を結んでもらえることもあります。それぞれの事務所や芸能プロダクションではそういった人のためにオーディションをおこなっています。こちらもウェブサイトなどで確かめておくといいでしょう。フリーアナウンサーのオーディションは実技重視で、局アナウンサーの試験のような作文や筆記試験はあまりありません。学歴に関しても、大卒でなければいけないということはほとんどないようです。

私の場合

熊本放送を退社後、アメリカ生活を経て大阪に住むようになりました。妹が大阪に住んでいたことが大きな理由ですが、熊本や実家がある山口よりも仕事を見つけやすそうだったという事情もありました。私は教育にも興味があり、大学で教員免許を取得していたので、最初は大阪産業大学付属高校で英語の非常勤講師をしていました。その契約が終わり、今度は早稲田セミナー（現TAC）で講師をすることになりました。その一方で、フリーアナウンサーとしてオフィスキイワードに所属することも決まりました。その頃の私は講師としてどれだけやっていけるのか全くわかりませんでした。プロの司会者のみなさんには大変失礼かもしれませんが、「披露宴の司会だったら、放送局時代もしたことがあるし、何とかできそうかも」と思い、司会事務所を探すことにしたのです。大阪にそういった知り合いもいないので、「大阪　司会事務所」でインターネットを検索し、目についた事務所に電話をしました。すると電話に出てくださった方が「放送局のアナウンサーだった方ですか。うちの事務所は小さくて、そういう方にギャラをお支払いできる余裕はありません。キイワードさんに電話されたらどうですか？」とご親切にも教えてくださったのです。そこでオフィスキイワードに電話をし、事務所に行って、契約することになりました。最初に電話した事務所の方、そして温かく迎えてくださったオフィスキイワードの方々にはとても感謝しています。

3
アナウンサーと総合職の違い

放送局の試験は総合職、アナウンサー職、技術職に分かれておこなわれます。技術職とは、送信などの放送技術に関わったり、カメラマンやスイッチャー、音声、編集といった仕事です。技術職は基本的には理系、それも電気工学を専攻した人を即戦力として採用することが多いようです。

アナウンサー職は文字どおりのアナウンサーで、総合職はそのほかの仕事ということになります。総合職が担うのはテレビやラジオの番組を制作するディレクター、報道記者、営業、編成、イベントなどの事業、広報、人事、経理、総務といった職種です。

局によっては、総合職とアナウンサー職を併願できることもありますが、いずれにしても、出願の際には注意が必要です。

また、アナウンサー職としての採用試験をせずに、総合職で採用したなかからアナウンサー職に配属するパターンもあります。その場合は、総合職としての適性を見る試験がおこなわれます。

注意してほしいのは、アナウンサー職として採用されても、何年か後にほかの部署に異動するケースも少なくないということです。

私の場合

私が熊本放送を受験したときは総合職での募集でした。そこで内定をもらい、最初の配属が放送部（アナウンサーがいる部署）でした。就職活動については第5章「アナウンサーという仕事」で詳しく述べますが、このような内定の仕方でしたので、アナウンサーを一生できるわけではないのだろうなとは思っていました。入社四年目の秋に新しい番組『ニュースな気分ビバ！』が始まることになり、そのディレクターのチームに入ったことがきっかけで、アナウンサーとして担当していた番組からすべて外れました。それでも年度末までは放送部にいたのですが、次の年度が始まるときにテレビ制作部（ディレクターがいる部署）に正式に異動になりました。

ただ、放送部を離れたことで「話す機会」がなくなったわけではなく、番組の街頭インタビューに行ったり、スポンサーの企業のイベントの司会をしたり、アナウンサーがいないときにはラジオやテレビCMのナレーションを録音したりしていました。いまからすれば、熊本放送は縦割り意識がなく、仕事を柔軟に任せてもらえたのはありがたかったと思っています。

4 局アナウンサーとフリーアナウンサーの違い

アナウンサーは、放送局に所属するアナウンサーと所属しないアナウンサーに大別できます。放送局に所属するアナウンサーは局アナウンサー（局アナ）、所属しないアナウンサーはフリーアナウンサーと呼ばれています。

フリーアナウンサーといっても完全にフリーの状態である人は少なく、ほとんどのフリーアナウンサーが事務所や芸能プロダクションに所属しています。局アナは基本的には四年制大学か短期大学の卒業者ですが、フリーアナウンサーの場合は高校卒業でも活動可能です。放送局で働いたあとにフリーアナウンサーになる人もいれば、新卒の時点で事務所などに所属して、フリーアナウンサーとしての活動を始める人もいます。

局アナは会社員としての仕事もあります。「視聴率向上のために」といった会議に出たり、何かのイベントのためのプロジェクトチームに参加したり、組織の一員としての行動が強く求められます。私も行政が主催する清掃ボランティアに同僚と一緒に参加したことがあります。

局アナの場合、どういった番組やイベントに出演するかはディレクターや報道記者、編成、営業といった部署のスタッフが決め、アナウンサーが所属する部署の上司にオファーがあり、上司から業務命令のような形でアナウンサーに伝えられます。

フリーアナウンサーは、番組出演にあたって書類審査やオーディションがおこなわれることが多いようです。放送局やイベント会社、広告代理店などから「こういう番組（イベント）がありますので、出演者を募集します」と、各事務所や芸能プロダクションに通知があります。事務所や芸能プロダクションは、その通知を受けて、その仕事にふさわしいフリーアナウンサーを何人か推薦します。書類を提出して、書類だけで判断される場合もあれば、書類審査に通過した人を対象にオーディションがおこなわれる場合もあります。

このような流れで仕事が決まるのがフリーアナウンサーの特徴です。仕事先には一人で行くこともあれば、マネージャーと呼ばれる事務所や芸能プロダクションの社員が同行することもあります。ただし、交通費は出演料に含まれていることが多く、別に支給されるケースはほとんどありません。仕事を終えたら、事務所や芸能プロダクションから出演料が支払われます。この際、出演料のうちの何割かは事務所や芸能プロダクションの取り分になりますが、この割合は各フリーアナウンサー、事務所や芸能プロダクションによって異なっています。

5 アナウンサーの給料

局アナウンサーは正社員か契約社員かで給料のあり方が変わってきますが、福利厚生面について基本的には一般企業の会社員と同様と考えてもいいでしょう。基本給に加え、時間外勤務手当(残業手当)もあります。年末年始に勤務すれば年末年始の勤務手当が支給されたり、住居手当、家族手当などがあったり、もちろん交通費も支給されます。そして、年に二回の賞与(ボーナス)もあります。一般の会社員と同じように、厚生年金や健康保険、介護保険、住民税などが給与から差し引かれるほか、年末調整もおこなわれます。

アナウンサーは早朝や深夜の生放送を担当することもあることから、早番、遅番といった勤務体系が組まれています。放送局によっては宿直を求められることもあります。そのため、時間外勤務手当や宿直手当が支給されるぶん、一般の会社員に比べると給料が高いというイメージがあるようです。

初任給などは放送局の採用サイトやパンフレットなどに明記してある場合もありますので、参考にしてみてください。初任給は手取りで二十万円から二十五万円前後の放送局が多いと思います。

フリーアナウンサーの場合は、タレントと同じ扱いですから、ギャランティーとして所属する事務所（芸能プロダクション）から支払われます。

6 アナウンサーの福利厚生

先述したように、福利厚生に関しても、局アナウンサーの場合は一般の会社員と変わりません。放送局によっては携帯電話やタブレット端末、パソコンの支給があります。自分用のデスクやロッカーもあります。また社員食堂や仮眠室などの社内施設も使えます。私が勤務していた頃の熊本放送の社員食堂は、一回二百五十円でビュッフェ形式でした。どれだけ食べても、食後にコーヒーを飲んでも二百五十円なので、とてもリーズナブルでした。私はデザートの杏仁豆腐が大好きで、そんなに几帳面な性格ではないのに、なぜかデザートの前に食器を片付けたくなり、食器を下げたあとでデザートとコーヒーを持ってきてのんびり過ごしていたことをいまでも覚えています。社員食堂は入社当時は地下にあったのですが、新社屋に建て替えられたあとは二階になり、明るい雰囲気になりました。

年次休暇、有給休暇に加え、産前産後の休暇、育児休暇、介護休暇も取得できますが、日数に関しては放送局によって異なります。

一般の会社員との大きな違いはタクシーの利用、という点かもしれません。公共交通機関が動いていない時間帯に出社したり退社したりすることが多いので、タクシーでの出社や退社が認められています。放送局によっては自家用車の使用を認めているところもあります。

私が勤務していた頃の熊本放送では、アナウンサーの勤務体系には五つのパターンがありました。S（七時から十四時）、A（八時から十六時）、B（十時から十八時）、C（十一時から十九時）、D（十六時から二十三時）というものです。かつては男性アナウンサーにだけ宿直勤務があったそうですが、私が入社したときには宿直勤務はなくなっていて、男性も女性も同じ勤務体系になっていました。ただ、七時から十四時までのS勤でも最初の仕事は朝七時のラジオニュースを読むことなので、六時過ぎには出社しています。そのため、六時三十分から七時の間は超過勤務手当が支払われていました。十六時から二十三時までのD勤の場合も、野球中継の延長などで最後のテレビニュースの放送時刻が遅くなることもあり、その場合も超過勤務手当が出ていました。S勤の出勤時とD勤の退勤時にはタクシーの使用が認められていて、タクシーチケットを利用していました。また、S勤とD勤の回数は合わせて月に八回までになっていて、労働基準法に定められたインターバルを守るためにD勤の次の日は十一時から十九時のC勤か休日でした。

S勤の次の日がD勤だと、二十四時間以上のインターバルになります。そのため、休日が増えたような気がしてうれしかったことを覚えています。若手アナウンサーは土曜と日曜はイベントやスポーツ大会などの仕事が入るので、休日は平日であることが多いようです。初めの頃は友人とのスケジュールが合わないなど、寂しくもありましたが、混雑していない平日に映画館や美術館、美容室などに行けるので、それはそれで楽しみもできました。冠婚葬祭などでどうしても週末に休日がほしいときは、上司が翌月の勤務表を作る前に申し出ることで対応してくれました。私の場合は生放送のレギュラー番組が土曜と日曜になかったので、可能だったのかもしれません。また、入社三年目に熊本学園大学の社会人講座に通うことにしたのですが、講座がある日のD勤は外してもらっていました。

衣装に関しては、番組によっては衣装提供がついていました。しかし、みんなが交代で担当する定時のテレビニュースでの服装は自前ですし、ロケに出る場合やイベントの司会なども自前です。頻繁に同じ格好はできませんし、ロケやイベントの司会など、社外に出る場合は見合った靴も必要ですから、どのアナウンサーも衣服代はそれなりにかかっていると思います。

メイクについては、番組ごとに外部のメイク担当者がついていることもあります。放送局と契約している美容室のスタッフが来ることもあります。しかし、ほとんどの場合、アナウンサーが自分でメイクすることが多いです。

ヘアセットにしても同様です。私がアナウンサーだった頃は自社制作の生放送の前に、美容室の方が来てメイクとヘアセットをしてもらっていました。しかし、週末のテレビニュース、外でのロケやイベントの際には自分でしていました。私はヘアセットまできちんとする余裕がなかったので、少しでも手間を省こうとショートカットにしていました。アナウンサーになった教え子の番組を見たりブログの写真を見たりすると、みんなきれいにメイクをし、ヘアセットをしていると感心しています。髪を編み込んだり、ハーフアップにしたりと、それぞれに工夫している様子がみられます。

雇用形態についても述べておきます。最近は女性アナウンサーの場合、最初の一年から三年間を契約社員として採用することがあります。知り合いのアナウンサーの一人に聞いたところ、「私は最初の二年が契約社員でした。でも、基本給は正社員並みにもらっていて、ボーナスもありました。ただ、残業手当を算出するときの率は正社員になって上がりました」と言っていました。契約社員でも有給休暇取得のほか、健康診断もあり、正社員同様にオプションで子宮頸がん検診などをつけることができるそうです。

契約社員から正社員への登用にあたっては、試験を課す放送局もあります。試験の内容は放送局によって異なりますが、契約社員が誰でも正社員になれるわけではないということです。

一方で、契約社員から正社員へ登用するというオファーがあっても、ほかの放送局に移る人もいます。

アナウンサーの知り合いやアナウンサーになった教え子から「忙しくて、体がきつい」「朝が早かったから眠い」といった話はたまに耳にしますが、給与などの待遇や福利厚生についての愚痴を聞いたことはありません。みんなが「なりたい仕事」に就けたのだから、そういった愚痴にならないのだと思います。ただ、頑張りすぎて無理をしてしまったり、好きな仕事だからといって休みを取らなかったりして、心身が不調に陥らないように注意してほしいと思います。

第2章

アナウンサーの就職対策

1 就職先の探し方

アナウンサーとして放送局に勤めるにあたっては必ず試験があります。試験時期はまちまちですので、細かいチェックが必要です。

就職活動を始めるにあたっては「リクナビ」(https://www.rikunabi.com/) や「マイナビ」(https://job.mynavi.jp/) といったサイトに登録しておきましょう。

国や経団連の方針が二転三転していますので、就職活動の開始時期がわかりにくくなっていますが、新卒の場合は大学三年生になってからの情報収集で十分だと思います。

放送局の採用活動では、大学の求人コーナーに求人情報が貼り出されることはまずありません。気になっている放送局があれば、そのサイトを「お気に入り」に入れて、採用サイトがオープンされたときに名前を登録してください。

採用情報を集めるにあたって私がお勧めしているのは、「マスコミ就職読本」(http://www.tsukuru.co.jp/)のメールマガジンを購読することです。これは『マスコミ就職読本』を出版している創出版が出しているものです。

このメールマガジンを申し込んでおくと、週に二回の配信があります。ここには「マスコミ採用情報」を掲載しているので、参考になるでしょう。気になる放送局の採用情報が掲載されたら、すぐにその局の採用サイトを見て、応募条件やエントリーシートの締め切り日などを確認してください。

このメールマガジンには既卒者やアナウンサー経験者を対象にした採用情報も出ますので、再チャレンジしたい方や転職を希望する方にもお勧めできます。

なお、このメールマガジンは就職活動シーズン途中から有料になります。アナウンサー受験をまだ続けたい方、引き続きの配信を希望する方は継続の申し込みを忘れないようにしましょう。

2 放送局の求人例

二〇一七年四月のNHKのウェブサイトでは、応募資格として以下の条件が出ていました。

次の二つのいずれかに該当する方。

1．平成二十九年四月から平成三十年三月の間に大学等を卒業・修了見込みの方。

大学等とは、大学院・四年制大学・短期大学（修業年限二年以上）・高等専門学校（専攻科含む）および専修学校専門課程（修業年限二年以上）をいう。

2．(1)以外の方で、平成三十年四月一日の時点で三十歳未満の方。

学歴は問いません。

※在学中の方は、平成三十年三月までの卒業・修了が条件です。

※(1)(2)いずれも、採用は原則として平成三十年四月一日になります。

さらに詳しい募集要項は「マイページ」を作成しないと出てきません。現在はこのように、インターネット経由での募集が当たり前のものになっています。

最近の学生はスマートフォンの利用ばかりで、パソコンの操作が苦手という人が少なくありません。もちろんスマートフォンでも申し込みなどはできますが、パソコンからの入力のほうがミスが少なくなり効率的ですので、パソコンの利用をお勧めします。

3 求められるアナウンサー像とは

この項目は、二〇一七年頃に放送局のアナウンサー採用担当者に話を聞いてまとめました。

キー局の採用担当者

――アナウンサー志望者と面接で会ったとき、どのようなことをごらんになっていますか？

第一印象はやはり大事です。面接の部屋に入ってきたときに、きちんと名乗る人は好印象です。そこでは声のトーンや表情を見ています。

――志望動機についてはいかがですか？

放送局のことをどの程度調べているかで志望動機の充実度が変わってきます。こちらから「どんな番組が好きですか？」「好きなアナウンサーは誰ですか？」と尋ねることもありますが、答えのなかに違う局の番組やアナウンサーが出てきたら、がっかりしますね（笑）。番組にしろアナウンサーにしろ、どこが好きなのか、どういうことを目標にしたいのかをきちんと答えてほしい。付け焼き刃だと志望動機が弱い印象になってしまいます。普段からテレビを見たりラジオを聞いたりしていないと、しっかりと答えられないのではないでしょうか。これで半分以上が決まります。

――「放送局でしてみたい仕事」も頻出の質問ですね。

どんな分野に興味があるのかを明確に伝えてほしいと思います。例えば、その街に暮らす人々の姿やその街の文化をどう伝えていきたいのか、具体性を持たせてほしい。地場産業を守ろうとする後継者であったり、特産の農産物を作っている人についてなど、大学時代にいかに見聞を広げられるか。地理、歴史、産業に詳しいといいかもしれません。ただし、話が具体的であっても、話そのものがまとまっていないといけません。要点をまとめて話す練習をするといいのではないでしょうか。

――面接でありがちな話題にはどういったものがありますか？

海外留学についての話題ですね。「ホームステイ先の人たちが優しくて、いい経験になりました」という話は数多く聞いてきました（笑）。海外留学で得たことをいま、どう生かしているのか、放送局でどう生かそうとしているのかを話すほうがより具体的で、志望動機とも関わってきます。

――ほかに、アナウンサー志望者が気をつけるべきことはありますか？

「Twitter」や「Instagram」など、SNS（ソーシャルネットワーキングサービス）の使い方です。いまの大学生はSNSを使うのが当たり前の世代なので、現代的な話ではありますが、その人の素顔が簡単にチェックされてしまいます。日常生活面でも、何かを発信するときは内容に注意したほうがいいと思います。もちろん、入社後には職場で得た情報の発信については一定の注意が与えられ、教育もおこなわれます。

――ほかの受験生と差をつけるためのアドバイスをお願いします。

われわれ世代に「えっ!」と思わせるような本を読んでおくことです。その本を読んで、どう思ったのか、どんなところに興味を持ったのかを話せると、いいでしょう。筆記試験では漢字の問題を出しますが、漢字は一夜漬けで覚えられるものではありません。日頃から、いかに活字にふれているかが問われますね。また、新聞などで政治家の名前も押さえておいてほしい。現・官房長官の菅義偉さんの名前を読めない受験生は意外に多いです。

スポーツでは、野球とサッカーについてはルールを知っておくことも必要です。また、バスケットボールへの知識もほしいところです。Bリーグが開幕しましたね。BリーグはJリーグよりもチーム数が多く、三部まであります。都道府県によっては二チームあるので、ローカル局で取り上げる機会も増えてくるはずです。経営母体も含めて、チームについて調べておくことも求められます。これまではプロ野球チームを持たない地方都市だと野球熱が低いといわれてきましたが、いまは独立リーグもあります。時代が変わってきた、ということです。また、サッカーだと天皇杯の予選は高校生も出場します。高校生のスターが、やがては世界のスターになるかもしれませんよ。

ローカル局を受験するなら、前もって下見に行き、街を一回りするのがいいでしょう。地元の店や土産物店をのぞくだけでも志望動機が深まります。また、ローカル局では即戦力が求められますので、いかに自分が戦力になる存在なのかをアピールできるといいですね。県によっては閉鎖的というか、保守的と感じられるところもあります。仲良くなると、人情の厚さがわかるのですが、初対面では難しい人もいます。そんなときはアナウンサーでもお国言葉、その地域ならではの言い回しなどが話せる人がいいですし、採用にあたっても、文化に対する柔軟性があるかどうかを見ている放送局もあるでしょう。

準キー局の採用担当者

――最近のアナウンサー志望者を見て、どのような印象をお持ちですか?

本気度が低下しているような気がします。テレビなどへの前のめりな姿勢、本当にアナウンサーになりたいんだという思いがあまり伝わってきません。「グルメリポートをしたい」という志望動機は一見、具体的なようですが、志がないように感じます。「『NHK紅白歌合戦』の司会をしたい」「東京オリンピックで実況をしたい」といった無理そうなことでもいいので、高い志が感じられることを話してほしい。スポーツ実況をしたい人も少ないですね。スポーツ実況は魅力的な仕事なのに、「スポーツニュースを読みたい」で終わってしまっています。何よりもテレビを見ていない志望者が多いのです。ラジオに至ってはスイッチのつけ方も知らないのではないでしょうか(笑)。自分が行きたい世界にふれなければどうしようもありません。そういう人の志望動機は表層的なものになりがちです。

――アナウンサー志望者のテレビ離れは確かに感じますね。

アナウンサーに本当になりたいのなら、日常生活から変えないといけないでしょう。面接試験では日常生活がはっきりと表れます。テレビの世界はみんなが「普通に見ているもの」なのに、アナウンサーになりたい人が「普通の人」よりもテレビを見ていないのはおかしい。テレビのなかのアナウンサーがマイクをどう向けているかなど、様々な場面を見てほしいです。テレビを見ずに受験している学生が経験豊富な面接担当者をだますことはできません。アナウンサーになるには、声や容姿に適性がないといけないと思われがちですが、面接試験では声や容姿はそれほど重視されているわけではないのです。

——では、どんなところを見ているのですか?

局のアナウンサーはまずは会社員であり、そしてアナウンサーなのです。アナウンサーで入社しても、社内の異動もあります。企業は法令や内規に従って行動しています。いわゆるコンプライアンスです。したがって、アナウンサー試験の面接でも、容姿や話し方よりも、きちんとした人なのかということを総合的に見ています。砕いていうと、「この人と机を並べて働けるのか」「いい人間関係を築けるのか」「コミュニケーションをとりやすいのか」といったことです。大人への話の仕方、放送業界に親しんでいこうとする態度、一般常識などを大学生のうちに交友関係を通して身につけておいてほしい。アナウンサー試験には原稿読みやカメラテストがあります。そのため技術的なことを試されがちですが、基本は「まともな社会人になれそうな人か」を見ています。

——エントリーシートの選考では何を重視していますか?

面接試験でお会いすることを重視していますので、エントリーシートは参考程度です。でも、とんでもない写真を貼ってきた人は対象外です。自分自身をナチュラルに表現できている写真がいいでしょう。アナウンサーは見た目も大事ですから、写真に多少の修正を加えるのはかまいません。自分が魅力的に写っているかどうか、アナウンサー志望でない友達にチェックしてもらうといいのではないでしょうか。テレビは一般の女性が目にしているメディアですから、容姿としては好感度の高さが求められます。ただ、参考程度と言いながらも、誤字脱字が目立つエントリーシートは知的レベルを疑われてしまいますので、気をつけたほうがいいでしょう。

――エントリーシートの内容面で気になることはありますか?

奇をてらうのもよくないですが、個性が感じられないのもよくありません。おしゃれな人でも中身がないとつまらないでしょう。「この人には何かある」「好きなものを持っている人だ」と思わせてくれるエントリーシートがいいですね。

――好きなことを持っている人はいいですね。

スポーツであれ芸能であれ、語学や海外の文化であれ、何か一つに造詣が深い人は魅力があります。しかし、アナウンサーの職業特性としては多方面に興味を持つ必要があります。好きではないこともしなければならない仕事だからです。

――面接では言葉遣いもポイントになりますか?

どんな業界にもドレスコードがありますが、アナウンサーのように言葉で生活する人にふさわしいドレスコードがあります。アクセント辞典を調べる習慣、「使ってはいけない言葉」を知ろうとする努力はしてほしい。ら抜き言葉も気になりますし、「わたし的には」や「私、慶應じゃないですか」「全然、大丈夫」といった言い回しも同様です。例えば、「赤い」や「四角い」はいいのですが、「ピンクい」「三角い」はおかしい。こうしたミスを避けるだけでも、きちんとした話し方に聞こえます。面接官に「きちんとしているな」と思わせたら、しめたものです。

――筆記試験についてはいかがですか?

国語や社会科の問題を出題しています。地震速報などで地名を読めないのは問題ですし、各都道府県の県庁所在地や人口がいちばん多い都市は知っておく必要があるでしょう。オリンピックや世界選手権の中継などで知らない国や地域の名前を聞いたらすぐに世界地図を出して、どこに位置しているのかを調べてみてください。趣味が鉄道という人は地名に強いのがいいですね(笑)。しかし、地名というものは知っていることが一般常識なんですよ。

――アナウンサーに向いている人はどんな人でしょう。

あるアナウンサーがアナウンサー志望者に「この一カ月に映画、スポーツイベント、ライブやコンサートなどの音楽イベント、美術の展覧会に行っていない人はアナウンサーを目指すのをやめてください」と言っていたのを聞いたことがあります。私も同感です。「事件は現場で起きている」ではありませんが、フットワークが軽く、その場に行って、見て、気づきを得たり感じたことを話すことがアナウンサーの原点です。インターネットで調べて、見たつもり聞いたつもりでは駄目でしょう。見たことがある／ないでは百かゼロです。「Googleマップ」のストリートビューで見る行列と、自分が並ぶ行列は違います。行列に並んで話題のラーメンを食べてみる、靖国神社問題が報道されていたら靖国神社に行ってみる、野球観戦に行けば「あんなところまでボールが飛ぶんだ」、サッカーに行けば「シュートって迫力あるな」、歌舞伎に行けば「装束はきれいだな」、寄席に行けば「落語だけじゃなくて、手品もあるんだ」と気づきます。選挙があれば政見放送や広報を見てみましょう。そうした現場でわかることを仕込んでおいてほしい。学生はお金はないかもしれないけれど、時間はあります。アルバイトでお金を得たらいろいろなチケットに費やし、見聞を広めて、感性を磨くことをお勧めします。アナウンスメント技術はあとからでもいいのです。

――大学生は時間に恵まれていますものね。

内向きにならず、海外にも行ってほしいですね。ただし、海外で得たものがブランド品では寂しい。見てやろう、という精神を持つこと。人は見たことしか、生き生きと話せません。アナウンサーは、見てきたことを臨場感とともに伝える仕事です。「ネットにこう書いてありました」というほど、むなしいものはありません。海外旅行なら海岸のようなリゾート地ではなく、人が動いているところのほうがいいでしょう。ニューヨークやロサンゼルスで汗だくでジョギングしている人や硬いベーグルをかじっている人を見たり、野球やテニスを観戦したり、ミュージカルを観劇したりしてみましょう。大学時代にこうした経験をしておくと、のちのち役に立ちます。大学生のときの生活パターンは就職後も反映されます。フットワークが軽い人はアナウンサーになってからも変わりませんし、仕事で活躍できるでしょう。行動範囲を広げておくこと。それがアナウンサーになるための訓練になり、それができない人は向いていません。しっかり助走距離を取っておくのがいいと思いますね。

――ほかに、大学生へのアドバイスをお願いします。

アナウンサーの仕事には、デジタルな部分とアナログな部分があります。まず、パソコンが使えないと仕事になりません。アナウンサーブログの執筆など、SNSについての知識も必要です。しかし、デジタルだけでも駄目なんです。字幕スーパーの誤変換をたまに見かけますが、そのミスに気づかない人は活字を読む経験や肉筆の経験に乏しいんですね。大学時代は読書をしたり、肉筆で日記をつけてみるといいでしょう。それから、キー局の受験に失敗した段階でアナウンサーになることを諦める人がいますが、もったいないですね。確かにキー局は自社制作の比率が高く、有名人とも共演できる機会が多い。しかし、大阪、愛知、北海道、福岡、そして宮城や広島の放送局でも喋り専門のスペシャリストとしていろいろなことができます。一方で、そのほかのローカル局ではディレクターや報道記者の経験もできます。ローカル局では放送全体を知るジェネラリストになれます。ぜひ、チャレンジを続けてほしい。最近では新卒でなくても採用のチャンスがありますから、アナウンサーへの門戸は広がっていると思います。

4 アナウンサーのインターンシップ

大学三年生を対象にしたインターンシップをおこなう放送局が増えています。期間は夏休みであることが多いようです。ただ、三年生の夏休みは大学生らしい休みを過ごせる最後の夏休みです。自分なりに有意義に時間を使ってほしいと思います。インターンシップに必ず行かなければならないというわけではありません。ホームステイなどのプチ留学をしたい、ボランティアに行きたい、就職活動に備えてアルバイトをして貯金をしておきたいなどそれぞれのやりたいことを優先させてほしいです。

それでもインターンシップを選ぶのであれば、準備をしっかりおこないましょう。放送局でのインターンシップは希望者全員が経験できるのではなく、試験で選ばれた人だけが参加できます。試験は、ほぼすべての局でエントリーシートと面接があります。面接の回数は一回というところがほとんどです。

エントリーシートでは「〇〇でのインターンシップを志望する理由」「〇〇でのインターンシップで経験したいこと」といったオーソドックスなことを聞かれます。インターンシップへの志望動機を考えることは、放送局で働くうえでの志望動機を考えることと似ています。この機会に考えを深めておくことをお勧めします。

インターンシップでは、行ったことがない土地に行く人もいます。その場所がどんなところなのかを調べておくといいでしょう。そして、その放送局がその場所にどんなふうに根ざし、どんな番組を作っているのかも知っておいたほうがいいでしょう。番組を「YouTube」で確認しておくと、イメージをつかみやすくなります。

試験に受かってインターンシップに行くことになったら、自宅から通えるのか、どこに泊まるのかを確認してください。放送局には寮などはないので、遠方の局の場合はホテル住まいになります。当然、お金も必要ですので、資金が十分でない人は家族などに相談してください。

インターンシップでは放送局の雰囲気を十分に味わってほしいと思います。放送局では正社員だけでなく、契約社員や派遣社員、アルバイトのスタッフ、タレント、関連企業からのスタッフなど、多くの人がそれぞれ異なる立場で働いています。就職活動イベントや会社説明会などには正社員しか来ませんが、インターンシップではいろいろな人に会うことができます。そこで話を聞いてみましょう。また、アナウンサーにアナウンスメントを教えてもらう機会があるかもしれません。プロフェッショナルの技を盗む絶好の機会になるでしょう。

私の学生時代にはインターンシップはありませんでした。熊本放送では、私が働いていた頃も実施していませんでした。そのため、インターンシップ生と一緒に働いたことはありませんが、高等専門学校からの実習生と一緒に中継の現場に出たことがあります。すべての実習生が放送局での勤務を希望していたかどうかはわかりませんが、実習生が積極的に仕事に関わっていこうとする姿は当時年齢があまり変わらなかった私には印象に残るものでした。

アナウンサーになった人たちが、どのようなインターンシップを過ごしたのかという体験談は第3章「アナウンサーの合格体験記」で記します。実は教え子のなかに「放送局でインターンシップをしたけど、想像と違っていたから、放送局受験をやめます」と言ってきた人もいました。そのときは、その受講生に放送局の魅力が伝わらなかったことがショックでした。とはいえ、インターンシップは本来、就職後のミスマッチを防ぐためのものでもあります。インターンシップに参加するのであれば、放送業界は本当に自分が進みたい業界なのか、それでもアナウンサーになりたいのか、自分の将来を考えるきっかけにしてほしいと思います。

5 アナウンサー試験のエントリーシート対策

アナウンサー試験では最初にエントリーシートを提出させる局が大半です。このエントリーシートに通過しなければ面接に進めません。そのためエントリーシート対策を入念におこなう必要があります。

エントリーシートには様々なタイプがありますので、種類別に紹介していきます。

一般的なタイプ

Ｂ４サイズで、左側が履歴書のような項目と志望動機、右側に質問項目が並んでいます。順を追って説明していきます。

まず名前です。一般的な就職活動でもよくいわれるように、「自分の名前こそ、いちばん丁寧に」を心がけてください。大きく、濃く、はっきりと、崩さずに書きましょう。男性／女性も忘れずに記入してください。なお、性同一性障害の方はこの欄は戸籍の性別と同一にして、働くうえでの性別を変えたい場合は「その他」欄などに書くか、面接の際に人事部の担当者と相談することをお勧めします。

この場合の写真は、履歴書用サイズのものでいいでしょう。写真の裏に大学名と名前（フルネーム）を書いてから貼ってください。

現住所は郵便番号を忘れずに。住所の書き方は「〇〇一―二―三」ではなく、「〇〇一丁目二番三号」が正しい書き方です。マンションやアパートなどに住んでいる場合はそのあとに建物名を書き、「一〇二号室」と部屋番号も書いてください。

帰省先は実家の住所です。都道府県から書くようにしましょう。親族などと同居している場合は「同上」で結構です。

携帯電話の番号とメールアドレスは小さい字になりがちなので、間違いがないように、より丁寧に記載しましょう。

図1　一般的なエントリーシート

2. 自己PR

3. 学生時代に取り組んだこと（職歴のある方はいままでの業務内容について）

4. ○○放送で取り組みたい仕事

5. 最近関心のあること

6. ラジオについて思うこと

7. その他（○○放送への質問などあればご記入ください）

○○放送エントリーシート（アナウンサー・制作技術・一般職）

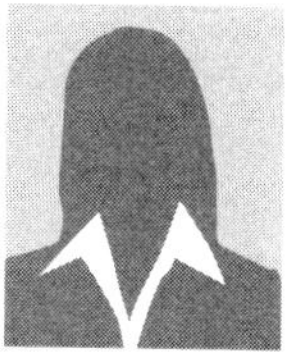

ふりがな	○○○○ ○○○○	男・女
氏名	○○ ○○	女
生年月日	19 ＊＊ 年 ＊＊ 月 ＊＊日生（満 ＊＊ 歳）	

現住所	〒 ＊＊＊-＊＊＊＊ ○○県○○市○町○丁目○番○号 ○○マンション 102号室
帰省先	同上
携帯 TEL	＊＊＊-＊＊＊＊-＊＊＊＊
メールアドレス	PC ＊＊＊＊.＊＊＊＊@gmail.com　携帯 ＊＊＊＊.＊＊＊＊.@＊.softbank.jp

学歴・職歴

学歴	2010 年 3 月	○○高等学校普通科卒業
	2010 年 4 月	○○大学○○学部○○○○学科入学
	2014 年 3 月	同 卒業
	年 月	
職歴	2014 年 9 月	○○○○株式会社 ○○スタッフとして勤務
	年 月	
	年 月	
	年 月	

資格・免許	普通自動車一種免許／ダイビングライセンス／漢字検定２級／TOEIC695				
趣味・特技	ランニング／スノーボード（大学時代サークルに所属）／芸術鑑賞／読書				
配偶者	有・無（無に○）	配偶者扶養義務	有・無（無に○）	扶養家族（配偶者除く）	0 人

1. 志望動機

学歴と職歴は分けたほうがいいでしょう。今回のような場合は左側に学歴、職歴と記載しておきます。特に指定がない場合は、高校の入学、卒業から書くといいでしょう。高校は「普通科」「理数科」などの科を入れておく。大学は指定がないので、記入欄があれば学部学科でかまいません。私は「文学部文学科」で、何を専攻しているのかわかりにくかったこともあって、「学科まで」という指定がなければ「文学部文学科英語英文学コース」まで書くようにしていました。

資格・免許欄は字数に限度があるので、自分が強調したいものをわかりやすく入れていきます。資格は国家資格が優先ですが、アナウンサー受験生で国家資格を持っている人はあまりいないので、民間資格を書いていくことになります。珠算は公的な資格に近いので「珠算三級」でもいいのですが、書道は流派が様々ですから、「日本習字教育財団書道初段」「純正書道連盟毛筆五段」など流派を明記するといいでしょう。

趣味・特技欄も空欄を作らないよう、目いっぱい書いておいてください。趣味の話は面接で聞かれやすいからです。

配偶者、配偶者扶養義務、扶養家族（配偶者除く）の欄は有無に○をつけたり数字を入れるのを忘れないようにしてください。

その下が「志望動機」となっています。鉛筆かシャープペンシルで薄く「あいうえおかきくけこ」と書き、一行に何字ほど書けそうなのかを数えます。そして、縦には「１２３４５」と書いてみて、横の字数×縦の行数で全体の字数を把握します。この場合だと三十字×七行で二百十字になります。二百十字とすると、一つの段落で書いていってもいいし、途中で一回だけ段落分けをして二段落構成にしてもかまいません。三つ以上には分けないようにしましょう。

ここで注意したいのは「志望動機」は「アナウンサーへの志望動機」ではないということです。このように「志望動機」とだけある場合は、その放送局への志望動機を書いてください。そのためにも、企業研究は必要です。その放送局がある土地に思い出や思い入れがあるのなら、そこから書き始めてもいいと思います。今回のケースでは右側の欄に「〇〇で取り組みたい仕事」欄があるので、具体的な番組名などはそちらに書きましょう。もし、そういった欄がないのであれば、志望動機欄に取り組みたい仕事や担当したい番組を書くと具体的になります。

次に右側です。まずは「自己PR」です。最初に自分の「強み」を書きます。「私は〇〇に自信があります」「私には〇〇力があります」「私は〇〇が得意です」「私の長所は〇〇なところです」といった書き方でいいでしょう。ここでは「足が速いです」や「英語が得意です」といったスキル的な強みではなく、「粘り強い」や「計画性がある」といった性格的な強みのほうが適しています。そして、それを裏づけるエピソードを指定字数まで続けて書いていってください。強みとエピソードの間にズレが生じないように、気をつけましょう。

その下は「学生時代に取り組んだこと（職歴がある方はいままでの業務内容などについて）」です。これもよくある質問項目です。書き出しは「コンビニエンスストアでのアルバイトです」「テニスサークルに入り、三年次には会計を務めていました」「憲法のゼミナールでの活動です」といったものにして、どのように頑張ってきたのかを具体的に記述しましょう。ここでのポイントは、自己PR欄でのエピソードとは違う場面のエピソードにすることです。自己PRでアルバイトのエピソードにするなら、「学生時代に取り組んだこと」でのエピソードは勉学やサークル、ボランティアなど、アルバイト以外にします。いつもアルバイトの話しかしない人、どのエピソードもサークル活動関連で書いてくる人がいますが、それではせっかくの魅力を多面的に伝えることができません。いろいろな場面でエピソードを作っておくことが大事です。

ここでエピソード作りのアドバイスですが、お勧めは「ＳＴＡＲ」を意識しておくことです。

Situation	状況
Target	目標　Task（課題）
Action	行動
Result	結果

この頭文字がＳＴＡＲです。例えば、「大学に入学したときにバレーボール部に入りました。周りはみんな経験者ばかりで、初心者は私だけでした」というのが「状況」にあたります。「そこで私はレギュラーになるという目標を立てました」というのが「目標」です。または解決すべき「課題」でもかまいません。そして、そのためにどういう努力をしたのかという「行動」、これがいちばん大切です。そして、その「結果」、どうなったのかというふうに書いていけば、説得力があるエピソードになります。

「行動」は「行動特性」につながります。目標に向かって、どのような努力をし、どういう行動をとる人なのかどうかがわかれば、「うちの会社でもこんなふうに努力してくれるんだろうなあ」「その頑張りをうちでも再現してくれるんだろうなあ」という期待を持たせることができるのです。これを「再現性」といいます。したがって、「行動」は字数に制限があるので難しいのですが、とにかく具体的に書いてください。

「○○で取り組みたい仕事」は、まず出演したい番組名を書きましょう。その放送局のウェブサイトのなかに番組表や「自社制作番組一覧」があるので、そこでチェックします。番組のウェブサイトで番組の特徴を把握したら、実際に番組を見るようにしてください。キー局の場合は容易ですが、ローカル局だと難しい場合があります。しかし、いまはインターネットで視聴可能な場合もありますし、「YouTube」に上がっていることもあります。その土地に住んでいる知り合いや親戚に録画を頼む人もいます。その局が制作している番組を何も見ずに受験するのでは熱意も伝わらず、志望動機も弱いものになりかねません。何とか工夫して番組をチェックしてください。感想にしても、ただ「面白いです」ではなく、どのような点が面白いのか、制作者の一員になったつもりで深く考察してみましょう。

「最近関心のあること」は時事問題を取り上げます。NGなのは「古い話」です。ニュースには賞味期限があるので、放送局を受験するのであれば、記入日から一カ月以内のニュースにしましょう。あまりにマニアックなニュースだと人事担当者や面接の担当者と話題を共有できませんので、ある程度メジャーなニュースを選んだほうがいいでしょう。ローカル局の場合は、その地方で起きた事件や事故などのニュースでもいいかもしれません。

「ラジオについて思うこと」は、ラジオ・テレビ兼営局や、ラジオだけの局でたまに出される質問項目です。ラジオの思い出話から書き始めてもいいですし、ラジオのどういうところが好きなのか、ラジオにはどのような可能性があると思うかなどについて考えてください。NGなのは「これまでラジオを聞く機会があまりなかったので、これから親しんでいきたいと思います」といった回答です。たとえ本音であっても、エントリーシートを見た担当者はがっかりしてしまうでしょう。

「その他（○○への質問などがあればご記入ください）」は空欄にしないでください。せっかくのチャンスなので、「特にありません」ではもったいない。ここは「質問」とあるので、質問してもいいと思います。「ほかの職種への異動はありますか」といった質問や、「今後、インターネット放送にどのように取り組んでいかれる予定ですか」といったものでもいいでしょう。初任給や福利厚生など、新入社員募集のパンフレットやウェブサイトに載っているような質問は避けたほうがいいでしょう。

シンプルなタイプ

この放送局のエントリーシートはA4判一枚で、写真は履歴書サイズより大きめのものになっています。

生年月日、出身高校、大学名、メールアドレス、現住所、帰省先と定番の質問項目のあとで、資格と趣味・特技欄があります。書くスペースが狭いので、持っている資格をすべて書くことは難しいかもしれません。字数にもよりますが、二つか三つにしましょう。資格の書き方は〈一般的なタイプ〉で前述したとおりです。

図2 シンプルなタイプのエントリーシート

○○テレビ総合職（アナウンサー）採用試験エントリーシート

◆自筆でお書きください

ID	1 0 0 0 * * * *
ふりがな	○○○○ ○○○○
氏 名	○○ ○○　（男・女）
生年月日	19 ** 年 ** 月 ** 日生　（満 ** 歳）
出身高校	○○高校
大学名	（**** 年 3 月 卒業見込・卒業） ○○ 大学 ○○学部 ○○ 学科
E メール	****.****@gmail.com
現住所	〒 ***-**** ○○県○○市○町○丁目○番○号 TEL ***（***）****　携帯 ***-****-****
帰省先	〒 同上 TEL （ ）
資格	実用英語技能検定2級、純正書道連盟毛筆8段
趣味・特技	

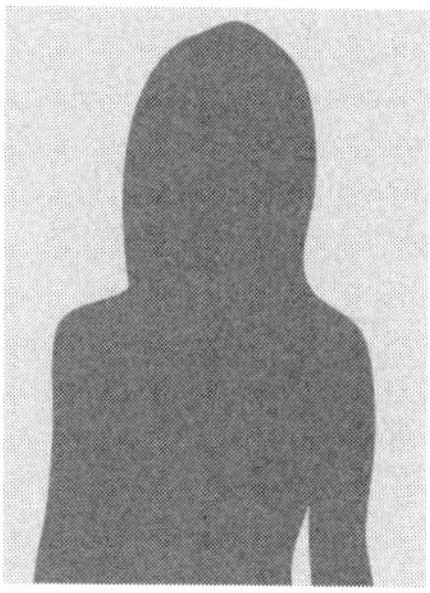

〈私のアナウンサー像〉

〈最近、関心のあることを教えてください〉

〈自己 PR〉

受験希望会場 ※○印をつけてください	○○会場	東京会場

趣味・特技は分けて書くのもいいでしょう。「趣味：ピアノ、特技：英会話」のように「：（コロン）」を使うと便利です。

続いて「私のアナウンサー像」です。タイトルが印刷された行には何も書かず、下の行から書き始めます。行頭の一字分を空けて書くと読みやすくなります。ここは、自分にとっての理想のアナウンサーについて書きましょう。そのために大学時代、どういう努力をしてきたのかを紹介すると、説得力が出ます。

「最近、関心のあること」や「自己PR」は〈一般的なタイプ〉で前述したとおりです。

最後に、いちばん下の受験希望会場に○印をつけるのを忘れないようにしましょう。

写真重視のタイプ

キー局のエントリーシートでよく使用されるのがこのタイプです。ここでは「「あなたの持ち味」を具体的に担当したいジャンル・番組を絡めて記入してください」という質問項目だけが文章を書かせ、あとは「趣味、特技など」のほかは個人情報だけとなっています。

そして、写真が七枚必要です。履歴書用サイズのものが一枚とスナップが六枚です。

図3 写真重視のエントリーシート

20XX年度テレビ○○定期採用 放送総合職 グループA:アナウンサーエントリーシート(1)

ID		性別	女性	現住所	東京都	その他連絡先	東京都	
フリガナ	○○○○			生年月日	****年*月**日	年齢	21歳	
氏名	○○○○			高校	○○高等学校			
大学	○○大学	○○学部	○○学科			在籍学年	3年	
大学院	大学院	研究科	専攻			在籍学年	年	

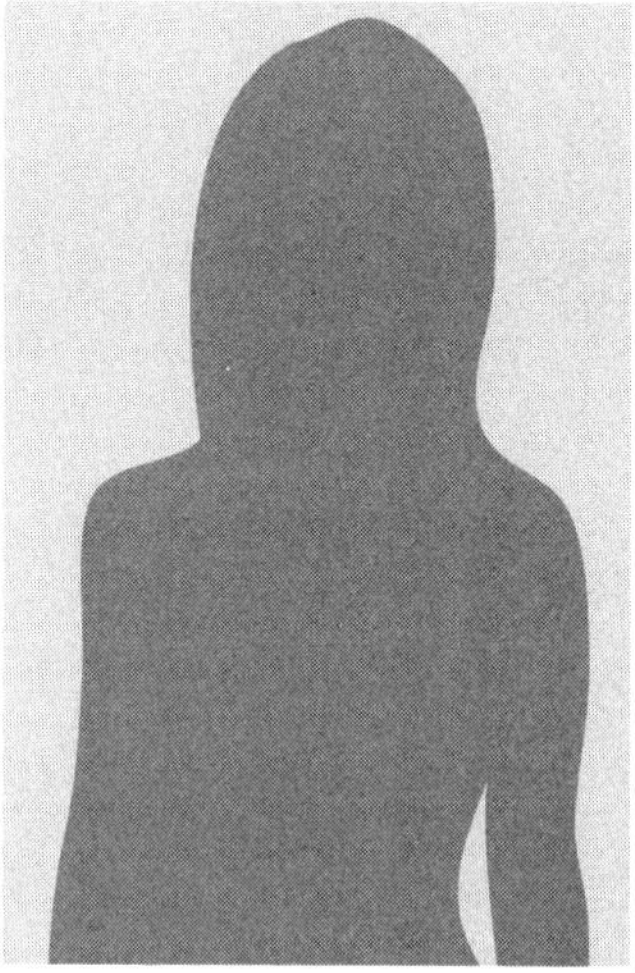

趣味、特技など		アナウンサー以外で興味がある業種・職種		身長	cm

「あなたの持ち味」を、具体的に担当したいジャンル・番組を絡めて記入してください。

受講した(予定含む)アナウンスセミナー・スクールなど ※すべて記入してください

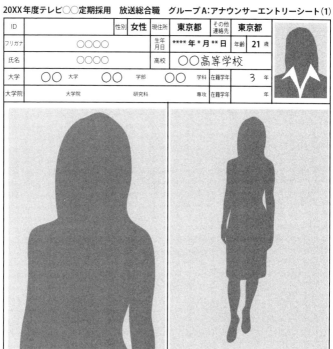

(1)(2)の順に重ねて、左上をホッチキス留めしてください。

20XX年度テレビ○○定期採用　放送総合職　グループA：アナウンサーエントリーシート(2)

氏名	○○○○	フリガナ	○○○○

少ない文字数で質問数が多いタイプ

キー局のような受験者が多い局では、一問あたりに書けるスペースが限られている質問が並べてあるタイプが多くなります。ここで注意したいのは、抽象的なことを書かないことです。一行しか書けないのに、抽象的すぎて何のことかわからなくなると、そのまま読み飛ばされてしまいます。採用担当者の心に留まるように、またはクスッと笑ってもらえたり、「なるほど」と思ってもらえるように書くことを心がけましょう。

「目標とするアナウンサー」はその放送局に所属するアナウンサーにしてください。放送局のウェブサイトに「アナウンサー欄」があるので、そこに載っている人にしましょう。キー局の場合は、フリーアナウンサーや外部のキャスターもニュースを読んでいますので、混同しがちです。この点は気をつけたほうがいいでしょう。

すべての項目を書き終わったら、放送局を受験しない友達でもいいので、ほかの人に見てもらってください。そこで「何のことかわからないよ」と言われたら、抽象的だったり、あるいは人に伝わりにくいものだったりするので、内容を変えてみましょう。

図4　少ない文字数で質問数が多いエントリーシート

20XX 年度○○テレビアナウンサー職採用応募用紙

ID 番号

カナ	
氏名	大学　　年生（　　　歳） （20XX 年 2 月現在の学年）

ヨコ 3.5㎝
タテ 4.5㎝
顔写真
写真の裏に ID 番号
を記入してください。

自己 PR をしてください

いままで生きてきたなかでいちばん自慢できることは？

趣味・特技は？

最近、あなたが死ぬほど笑ったことは？

最近あなたがボロボロ泣いたことは？

学生のうちにやっておきたいことは？

目標とするアナウンサー

○○テレビのアナウンサーを目指す理由は？

アナタのお気に入りの写真を
四枚貼り、それぞれの写真に
キャプション（一言説明）を
つけてください。
1枚は必ずバストアップの
写真を貼ってください。

あなた担当したい番組とその理由は？

いま、誰と会って、どんな話をしたいですか？

アナウンサー関連の学校などに通っている（いた）方は、学校名・期間などを教えてください

20XX 年○○放送〈アナウンサー職〉新卒採用試験　応募用紙 1

	ふりがな	
	氏　名	
	生年月日　　　年　　月　　日（満　　歳）　　性別	
	現住所	
	電話	携帯電話
	e-mail（PC）	
	e-mail（携帯）	
	緊急連絡先（実家など住所）	
	緊急連絡先（電話）	

年　月	学　　歴

以下手書きでご記入ください

学業／ゼミ・研究室の専攻テーマと取り組んだ内容	新卒者はアルバイト歴とそこでのあなたの役割／既卒者は職歴
あなたが学生（高校・大学）時代に最も打ち込んだことは何ですか？	資格 特技・趣味

最近読んだ本（著者名も）・雑誌	①	②	③
最近観た映画・演劇・イベント・スポーツなど	①	②	③
気になる・聴いたことのあるラジオ番組	①	②	③
自慢のコレクション	①	②	③
今年はこれが流行る！	①	②	③
とにかく気になる人（好き／嫌い問わず）	①	②	③

20XX年○○放送〈アナウンサー職〉新卒採用試験　応募用紙2

アナウンサーとしてこんな仕事がしたい！
あなたを自由に表現してください！ ※モノクロでコピーをとります。モノクロでも内容がわかるもの、コピーが可能なものにしてください。

多くの字数を書かせるタイプ

多くの字数を書かせる放送局は、本気度（志望度の高さ）と文章力を見ています。多くの字数を書くとなると、それだけ時間も必要になるので、「その時間をわが社で働くことのために使ってくれる人」がほしいのです。

文章力も必要です。この文章力とは、内容面、構成面、表現・表記面を含んだものです。多くの字数を書くときにありがちなミスは、何とか字数を埋めようとして、同じことを繰り返して書いてしまうことです。これは構成面としても失格ですし、へたをすると本気度まで疑われかねません。

このようなエントリーシートの場合はまず、それぞれの質問に対し、何字ぐらい書けそうなのかを計算しましょう。先述したように私が受講生にお勧めしているのは、シャープペンシルを使って、自分の字の大きさで、薄く「あいうえおかきくけこさしすせそ……」と横に書いていき、縦には数字を振る方法です。そして、横が二十六文字、縦が二十行というふうに出して、掛け算をして、おおよその字数を把握します。

今度はパソコンのワードを開き、その字数で文章を構成していきます。ワードには字数をカウントしてくれる機能があるので、それを使えば字数の増減が簡単にできます。一問ずつワードで完成させたらプリントアウトして、それを見ながらエントリーシートに清書していきます。ワードが漢字も変換してくれるので、この方法だと漢字のミスも少なくなります。ただし、ワードでの変換ミスには気をつけましょう。

図5　多くの字数を書かせるエントリーシート

○○テレビ申込書 20XX ①
（総合職アナウンサー）

ふりがな
氏　名　　　　　　　　　　　　　　　男　・　女

大学　・　大学院　　　　　　学部

科　・　専攻　　　　　　年

住　所	〒 Tel（　　　　）　－　　　携帯電話		
郵送物送付先（住所と同じ場合は同上）	〒		
出 身 地	都 道 府 県	メール(携帯不可)	
		生年月日	年　　月　　日生（　　才）
学　歴	平成　　年　　月　　　高校卒業	総合職一般との併願	
	平成　　年　　月　　　入学		
	平成　　年　　月	有　・　無	
	平成　　年　　月		
好きなテレビ番組			
その理由			
いままでの学生生活で学んだことや心に残っている示唆に富んだエピソードなど			
○○テレビに入社して成し遂げたいこと			
職　種	【総合職】アナウンサー	面接希望地を○で囲むこと	○○　　東京

○○テレビ申込書 20XX（総合職アナウンサー）③

氏　名　　　　男・女　　　　大学 ・ 大学院　　　　学部

【総合職アナウンサー】全身写真を添付してください。

左の写真を選んだポイントと自己 PR

○○テレビ申込書 20XX（総合職アナウンサー）②

氏　名　　　　男・女　　　　大学 ・ 大学院　　　　学部

資格・趣味・特技など

私がアナウンサーになる理由

作文を添付するタイプ

最近、エントリーシートと一緒に作文を添付させる放送局が増えています。特にＮＨＫの地方局での契約キャスター募集では、四百字の作文を書く場合が多いようです。テーマは自由ではなく、局からの指定がありますが、テーマ自体は難しいものではありません。

四百字だと、そこまで深い内容を盛り込めません。ただ、あまりに抽象的だと多くの志望者の作文に埋もれて、自分の作文が読み飛ばされてしまいかねません。できるだけ具体性を持たせましょう。四百字なら三段落に分けて構成するのをお勧めします。そうすると、最後の段落を「まとめ」とばかりに最初の段落と同じようなことを書いてしまう人がいますが、それではもったいない。テーマにもよりますが、最後の段落には「今後、社会はどうあるべきか」「これからどういう放送をしていきたいか」など、将来のビジョンを述べるとうまくまとまります。

さらに、表現や表記に気を配って仕上げていきましょう。表現面では、ら抜き言葉や過度な外来語、学生言葉などを避けてください。表記面では、原稿用紙のマナーを守ったり、誤字や脱字がないように気をつけましょう。

動画を添付するタイプ

ここ数年は、自己ＰＲなどを動画で撮影したものを送付させる放送局が増えてきました。自己ＰＲをどう作るかについては、「10 アナウンサー試験のフリートークとパネルトーク対策」を参考にしてください。

6 アナウンサー試験の写真対策

私がアナウンサー講座の講師になって以来、受講生の写真撮影でお世話になっているのが大阪市北区のはっとり写真工房です。アナウンサー試験は一般企業と同じくエントリーシート提出から始まりますが、一般企業と大きく異なるのがエントリーシートに何枚もの写真を貼らなくてはいけないことです。局によっては「一枚は全身写真にしてください」「一枚は弾ける笑顔の写真にしてください」といった指示が出ることもあります。

そこで、はっとり写真工房の服部俊孝さんにアナウンサー試験の写真について聞きました。

――最近のアナウンサー試験の写真はどのようなものが好まれていますか?

いわゆる「抜けがいい写真」ですね。蛭子能収さんが描く絵のようなヘタウマ感があるもの、ホームメイド風のものが放送局側に警戒されず、好まれているように思います。当たり前のように修正しすぎて、あまりにキメキメですと疑心暗鬼になられるのではないでしょうか。しかし、そのなかでも目がしっかりしていることが大切です。写真は自分以外の人間に自分を特定させるためのものです。

本人だと確認するためのツールは指紋、静脈、声紋、筆跡、DNAなどがありますが、それだけだと本人とはわかりにくい。パスポート、マイナンバーカード、運転免許証のように、正面から撮った写真がないと本人であることを担保できないんですね。写真は、若い／年配、男性／女性といったことから、「優しそう」「怖そう」といった主観的なことまでひと目でわかってしまいます。したがって、アナウンサーの就職活動では証明写真から一歩踏み込んで、自分の存在を示せるものがいい写真だといえるでしょう。

――アナウンサー志望者はどのような準備をするべきでしょうか。

自分の顔を文章で書いていくのがいいですね。「鼻の左側に小さなほくろがある」「右の目尻にもほくろがある」「唇が薄い」「眉毛が濃い」「右の眼のほうが左よりも大きい」「髪は普通」などと書いてみると、自分の顔の特徴がわかります。

それから利き目を調べましょう。紙に○印を書き、少し離して、片目ずつで○印を見てください。○の位置がずれませんか？　片目で見たときに、○の位置がずれなかったほうが利き目です。利き目は手や足などの右利き、左利きとはあまり関係ありません。野球では右バッターで利き目が左だとボールを長く見られるので有利だといわれています。有名な『モナ・リザ』の肖像画を見ると、モナ・リザと目が合ったような気がしませんか？　モナ・リザの利き目が前に来ているからです。これがモナ・リザ効果なんです。自分の利き目がわかったら、利き目のほうをカメラに近づけると、強い目線になります。

――カメラに顔を向ける方向も大事なんですね。

ゆるキャラのひこにゃんは左右対称の顔をしていますが、正面から写真を撮られることはあまりなく、写真の際のポーズは動きをつけています。左右対称は正確な形になりますが、それが行き過ぎると表情に乏しくなるんです。ウルトラマンがいい例ですね。ひこにゃんが認識されやすく、子ども受けしているのは斜めに立っているからです。赤ちゃんをあやすときも正面で向き合うよりも斜めの位置からのほうが赤ちゃんはリラックスしてくれますしね。ヨハネス・フェルメールの『真珠の耳飾りの少女』も斜めになっているからこそ、表情豊かなのです。アナウンサー志望の方々から「左目が小さいのがコンプレックスだから、左目を大きく修正してください」などと依頼してこられることがあります。「あの写真屋さんは目を大きくしてくれたから、いい写真屋さんだ」と言う人もいらっしゃいますが、目が大きくなった写真は自己満足にしかなりません。写真を評価するのは自分ではないということを忘れないでください。左右対称の顔は特徴が出ないので、覚えてもらいにくくなります。

――修正は難しいですね。デジタルカメラで撮っていただく以上は修正したいし、修正しすぎるのもいけないし。

「二重まぶたがいい」「エラが張っているのがいやだ」などとおっしゃる方は多いですが、この理想美がくせ者なんです。「二〇一四年のミスコリアの悲劇」が有名ですが、理想美を追求するあまり、みんなが同じ顔になってしまいました。アナウンサー試験でもグラビアのような写真ではなく、ホームメイドのような写真のほうが受けていると思います。

——ライトの当てすぎもよくないのでしょうか。

最近は放送局の明かりは変わってきています。以前は斜め四五度からの明かりでしたが、いまはクラムシェル（クラムシェルは「二枚貝」という意味で、上の殻と下の殻で被写体を挟み込むように、黒目の十二時と六時の位置に明かりを当てます）に変わってきました。これだとカゲがないぶん、顎のラインなどの形をきれいに出すことができます。目もきらきらして見えますが、就職活動ではクラムシェルを使わないほうがいいですね。

——背景色についても教えていただけますか？

欧米ではほぼグレーです。背景のグレーは抽象空間なんです。ホコリもグレーですよね（笑）。アメリカの大学で製作するイヤーブックもほぼグレーバックです。アメリカの大学にはいろいろな肌の色の学生が多いからでしょう。私は客室乗務員を志望する方々の写真も多く撮っていますが、エミレーツ航空ではグレーバックが指定されています。外資系の航空会社も客室乗務員の肌の色が多様だからではないかと思います。一方で、日本の客室乗務員試験ではブルーバックが好まれます。若い女性の肌はピンク色なので、補色の関係にあるブルーが映えるからでしょう。空のイメージと重なるからかもしれません。アナウンサー志望者からは白が人気です。しかし、エントリーシートは提出後にコピーされます。白だとコピーを取ったときに髪が背景と一緒になってしまい、顔がバーンと強調されます。背景色は色のイメージの力を借りられるものではありますが、コピーされることを前提にすると、白にグレーを混ぜたものがお勧めです。

――スナップ写真を撮るときのコツを教えてください。

航空会社ではミニスカートやサンダルはNGとされていますが、放送局でも清楚でオーソドックスな服装がいいでしょう。清潔感は男女ともに大事です。男子のゆるゆるのワイシャツも気になります。首回りをきちんと測って、首に合ったシャツを着る。男女ともにカラーコンタクトレンズはNGです。襟にアイロンも忘れずに当てておいてください。外で撮影する場合は、晴れや曇りといった天気、季節感がわからないようにするためにも、何通りか用意しておくのがいいのではないでしょうか。髪の毛のいわゆるアホ毛をなくしたり、お腹をへこませたり、足や顎の線がきれいに出るようにすること、近くにゴミやタバコの吸い殻などが落ちていないかどうかも確認したいところです。

――手をどこに置くかに悩む人も多いです。

手を置いていい場所は十カ所あります。手を前で組むと、ウエストからヒップラインが丸わかりになりますが、体の線にリズムがつきますので、雰囲気を出しやすくなります。一方で、手を横にすると身長がわかりにくくなりますので、百五十八センチぐらいの身長の人は横にするといいでしょう。

――足はどうしたらいいですか？

足首を重ねても、膝を重ねてもいいです。膝を重ねると、足を一本に見せることができます。つま先はカメラの方向に向ける。タカラジェンヌの立ち方は参考になると思います。

——サイズの感覚も難しいです。

写真に対角線を入れてみて、座った写真などは足が対角線に平行になっているときれいです。首、腕、足は「細く、長く、白く」がいいですね。カメラが近づくと顔が大きくなり、足が太くなります。以前、あるお客さまで、球場でビールの売り子をしていたときのスナップ写真を見せてくださった方がいます。腕章をつけた左手を上にあげている写真でした。私が「売り子さんはなぜ片手を上げるのか」と聞くと、「ビールいかがですか」と言いながら片手を上げるだけで視線を集められるというんです。視線を集めるための工夫は写真でも大事なことだと思いました。

——最近はスマートフォンのカメラでスナップ写真を撮る機会も多いです。スマートフォン撮影でのアドバイスもお願いします。

スマートフォンのカメラは後ろにピントが合いやすいので、カメラ位置を下げることを意識してください。

——サービス判というのはどういうサイズのことですか？

これは八・九×十二・七センチで、コダックはL判といっています。これはインチでは三・五×五インチのことです。放送局はそこまでサイズに厳しくないですが、ＪＡＬ（日本航空）やＡＮＡ（全日本空輸）といった航空会社では九×十三センチと指定があります。私どもではミリ単位で対応していて、「一ミリ足りないから落ちた」ということがないようにしています。

――エントリーシートにスナップ写真を複数枚、貼らなくてはいけない放送局もあります。

Ａ４判のエントリーシート一枚に写真を四枚ということが多いようです。写真に写っている自分の向きだけで貼る位置を決めてしまう人がいますが、向きにこだわるあまり、内容が伝わらないと意味がありません。あくまでも内容を伝えることを考えましょう。思い切り笑った写真もいいですよ。自分が持っている写真だけでなく、友達がいい写真を持っていることもありますので、積極的に尋ねてみてください。

――スナップ写真の下にカゲをつけるのもいいですか？

カゲをつけるなら、右下につけると自然です。学校の教室は黒板の右が廊下で、左が窓になっているところが多いですよね。あの配置は右利きの人にとっては下手側が明るいほうが板書しやすいからだそうです。明かりを下手側から当てて、カゲを上手側に流して、右下にカゲを作るのが自然だということになります。ただ、教室の配置は左利きの人にはつらいですね（笑）。

――履歴書の写真についてもおうかがいします。

履歴書の写真はＪＩＳ（日本工業規格）の帳票類の設計基準でサイズが縦三十六ミリから四十ミリ、横二十四ミリから三十ミリと決まっています。また、正面を向いていること、無表情であること、無帽であること、無背景であること、直近三カ月以内に撮影したものであること、インスタント写真やスピード写真は不可といった条件を課されることが多いですね。この縦と横のサイズは何のことだと思いますか？

――何でしょうか。

ライカ判は二十四×三十六ミリで、二対三なのです。三対四よりも縦長になります。横三十ミリで、縦が四十ミリだと三対四ですから、大きい値を取ったほうがいいということで、この規格になりました。これだと全身を十分割して、上の三分身と下の七分身のうちの三分身ということになります。したがって、男性はネクタイの結び目まで写るのがベストです。髪が多いと顔が小さくなってしまいますので、気をつけたほうがいいでしょう。

――正面向きで無表情というのも難しいです。

ひこにゃんも正面だと形は正確ながら、表情は乏しくなりますしね（笑）。一万円札の福沢諭吉にしても、醍醐寺に残されている豊臣秀吉の肖像にしても、横向きです。無帽や無背景はマナーですが、背景色は先に述べたように白にグレーを混ぜるのがお勧めです。

——就職活動の履歴書写真では三×四に加えて、三・五×四・五もありますね。

三×四がJIS規格ですが、三・五×四・五はパスポートの国際規格です。すべての国にJISがあるわけではないので、就職活動でもこちらのサイズを求められることがありますし、どちらかに統一されています。

——最近は写真をデータで出してくださいという放送局も増えました。

「リクナビ」のオープンESの推奨データはJPEGで600×450ですが、ここでピクセルという言葉を初めて聞く人もいると思います。ピクセルとは写真のドットの集まりのことです。ピクセル数を解像度で割ったものがサイズです。ですから一インチのなかに六百のドットという考え方ですね。一インチは二・五四センチです。縦のサイズは600÷解像度、横のサイズは450÷解像度で出ます。解像度は一インチのなかに表現できる度数です。写真は解像度がものを言います。インクジェットプリンターだと解像度は200、写真のプリンターや美術印刷だと解像度は300から350です。縦サイズ=600÷200=3、横サイズ=600÷300=2のようになります。そのため、インクジェットプリンターで印刷すると五・七一×七・六二センチのプリントが写真プリンターで印刷すると三・八一×五・〇九センチになります。

——この計算が大変です。

いまは計算を簡単にしてくれるアプリやウェブサイトがあります。「ピクセル　計算」といったキーワードを入れて検索すると出てきます。紙をプリントして提出させるのではなく、画像データで提出させる背景には世界的な二酸化炭素削減の動きがあるのでしょう。これからも進んでいくと思われます。

7 アナウンサー試験の面接対策

アナウンサー試験の核となるのが面接試験です。アナウンサー試験は志望者が多い半面、内定を取れる人が少ない試験です。したがって、面接試験が何度もおこなわれることが特徴です。

エントリーシートに通過したら、一次面接があります。一方で、エントリーシートを持参して、その場で一次面接という放送局もあります。

最近の一次面接は集団面接のところが増えてきました。面接には、個人面接と集団面接がありま す。個人面接は受験生が一人で受ける面接で、集団面接は受験生が三人から五人で受けるものです。

集団面接で気をつけることは聞く態度、話す時間、話す内容です。集団面接の場合は、自分が話している時間よりも、ほかの受験生の話を聞いている時間のほうがはるかに長くなります。ほかの受験生が一生懸命話をしているのに、その話を全く聞いていないように見える人がいます。面接官はそういう態度もしっかりチェックしています。自分がどんな話をするべきかを考えたくなる気持ちもわかりますが、ほかの受験生の話にも耳を傾けてほしいと思います。ちらりと横を向いてうなずくぐらいはいいのですが、どちらかの肩が前に出てしまうほど、姿勢を崩す必要はありません。姿勢にも気をつけたほうがいいでしょう。ほかの受験生が面接官も笑ってしまうほどの面白い話をしたら、軽くほほ笑んでもいいと思います。

集団面接での採用側のメリットは、受験生同士の優劣をすぐにつけられることにありますが、デメリットは、一人ひとりの受験生に対して話を深めてもらうための質問ができないことです。一次面接で集団面接をおこなう放送局は、そういった「深い話」については個人面接になる二次面接以降で聞いていこうと割り切っていると思われます。

一次面接では、個人面接であれ集団面接であれ、原稿読みも課されます。「自己ＰＲ」などの質問よりも、原稿読みのほうが優劣をすぐにつけられてしまいます。しかし、一次面接での原稿読みは難しいものではありません。

集団面接を勝ち抜くにはどのような話し方が求められているかというと、まずは結論を先に話すことです。それから、その結論に至るまでの話を具体的に語っていきます。明るい声と表情も意識し、話の内容によっては笑顔も忘れないようにしてください。

面接時間は、一次面接が個人面接であれば五分で終わることもあります。集団面接でも短ければ十五分ほどで終わることもあります。アナウンサー試験の場合、面接時間が短ければ短いほど重視されるのが雰囲気や感じのよさ、明るさといったことで、面接試験を受ける前に友達や家族に見てもらうのもいいでしょう。

8 アナウンサー試験の論文対策

アナウンサー試験では、ほぼすべての局で論文試験がおこなわれます。最近ではエントリーシートと同じタイミングで論文を提出させる局もありますが、何回かにわたっておこなわれる試験のどこかで論文試験を課す局のほうが多いようです。タイミングとしては一次面接に通過したあとか、二次面接と同じ日におこなわれるようです。筆記試験と同時におこなうところがほとんどでしょう。

私が熊本放送を受験したときのテーマは「道」で、指定字数は八百字でした。その頃、熊本放送では漢字一文字のテーマをよく出していたようです。また、熊本朝日放送では「もう一人の私」がテーマでした。「道」というテーマを見たとき、思いついた題材が二つありました。一つは花のみちです。私は宝塚歌劇が好きで、大学生になって初めて宝塚大劇場を訪れました。宝塚大劇場のそばにある花のみちは桜の名所として有名で、その道を取り上げようかと思ったのです。どこかで目にしたことがある、「タカラヅカにいれば誰でも一度はチャンスがくる。それをどう生かすかなのだ」という鳳蘭さんの話も使いたいなと考えました。

もう一つは、私の故郷の山口県岩国市にある大明小路という道です。この道に面していた武道具店のおじさんが、道を渡る小学生のために黄色い旗を振って誘導していたことを思い出しました。

少し迷った結果、私は大明小路を選びました。花のみちは確かに華やかだし、タカラジェンヌをアナウンサーに見立てることもできないことはないと思います。しかし、私が放送局で働きたい理由の一つに「弱い立場にいる人の味方になりたい」ということがあったので、大明小路のおじさんのほうが志望動機に沿うと考えたのです。

まず、おじさんの描写をしました。詳細はあまり覚えていませんが、「私が通っていた岩国小学校は昔の城下町の一角にあったので、付近には歴史町名が残っていて、大明小路と呼ばれていた道がありました」というような書き出しだったと思います。そして、「その大明小路に面していた武道具店のおじさんが、小学生が安心して大明小路を渡れるように、雨の日も風の日も黄色い旗を振ってくれていました。小学生がおじさんの指示を無視して、ふざけながら向こう側に渡ったときには、おじさんは本気になって怒っていました。最近、久しぶりに大明小路を渡ったのですが、大人の足では十歩程度で渡れるほどの幅しかありませんでした。そんな道なのに、おじさんは来る日も来る日も旗を振ってくれていたのだなと思うと、ありがたさで胸がいっぱいになりました」のように続けました。

そして、「道」をこれから生きていく道として捉え直し、「熊本放送で弱者の味方になれる番組を制作したい」というような記述をしたことを覚えています。論文の提出後におこなわれた面接では、ラジオ局のプロデューサーから「平易な文章で、よく書けていましたね」と褒めていただき、とてもうれしかったです。

それでは、アナウンサー試験の論文対策をどのようにおこなうべきかについて考えていきましょう。

まず、テーマが「道」のような抽象的である場合です。ほかに、「風」「愛」「発」「感」「色」「格」

「心」「遊」「絆」「外」「言葉」「価値」「責任」「出会い」「時間」「真実」「挑戦」「変化」などが挙げられます。

このようなテーマで厳禁なのは「道とは……」などと、辞書のような記述をすることです。すぐに、テーマを自分に引き付けてください。自分が経験してきたことのなかからピックアップできるのが最善ですが、自分が読んだ本や見たテレビドラマ、映画のなかから取り上げてもいいでしょう。第一段落では、何を取り上げたのかが明確に伝わるような記述をするのがいいでしょう。そして、第二段落、第三段落で自分のエピソードを述べる。指定字数次第で段落構成が変わってきますが、後半は放送局でしたい仕事と結び付けると、いい内容になるはずです。

次に、テーマが時事問題である場合です。「格差」「東京オリンピック」「少子化」「高齢社会」「南海トラフ巨大地震」などがあると思います。これは時事問題を知らないと何も書けなくなりますので、筆記試験対策を兼ねて、時事問題も勉強しておきましょう。

ここでNGなのが、その時事問題の解説に字数を割いてしまうことです。「格差とは……」といった解説は不要なので、これも自分に引き付けてみましょう。ただし、時事問題の場合は「自分の話」だけでは不十分です。視野を広げて、社会のこととして捉えるようにしてください。個人的な話に終始するだけでもいけないし、一般論を述べるだけでも足りません。そのバランスをうまくとることを心がけるといいと思います。

ここで、私が論文対策の授業で使っているテキストの一部を転載します。

☆読み手に正確に伝わるように表現しよう。

・常体「である」調、敬体「ですます」調の混用は避け、文末の文体を統一する。
・くだけた口語表現を避ける。
・「ら」抜き言葉は使わない。
・自称は「私」に統一しよう。僕、俺、自分などは使わないこと。
・文末表現が単調にならないようにしよう。「思う」の多用は避けよう。
・修飾語・被修飾語、主語・述語の関係、適切な接続詞の使用に注意しよう。
・一文が長くなりすぎないようにしよう。二～三行にするといい。
・読点を有効に用いよう。
・体言止め、倒置法は避ける。
・敬語、丁寧語、謙譲語を用いない。
・略語（ゼミ、バイト、路駐など）、俗語（JK、超…、ていうか、など）は避ける。
・英語、片仮名の乱用は避ける。
(例) キャラ→性格、サポート→支援
・自信なさそうな表現は用いないこと。
(例) ～らしい、～かもしれないなど
ただし、自発の形である「～と思われる」「～と考えられる」に関しては使用してよい。

・「〜か」で終わるような問題提起の文末表現は避けたほうがいい。
・以下の漢字は平仮名表記のほうが望ましい。
(例)事、為、時、等、子供→子ども
・そのほか
登校拒否→不登校
第一点目→「第一点」、あるいは「一点目」
〜において→〜で、〜にて→〜で
・誤字、脱字はもちろん、ひらがなの多用も避けよう。
・比喩的な表現や無駄な言い回しは避けよう。
・文字は丁寧に書こう。読みづらい字、くずし字、略字、小さい字、薄い字は避けよう。

☆原稿用紙の使い方のきまりを守って書く。

・題名、名前などを原稿用紙に記載しないこと。
・?、!、=、—などの記号は使わないこと。
(例)マスメディアの使命ではないのか?
・数字の書き方について
横書きのときは原則として算用数字を用いる。その場合一マスに二字を入れる。

ただし、固有名詞、和語の数詞は漢数字を用いる。
(例) 一般に、一部、七五三、第二次世界大戦など
・アルファベットの書き方について
算用数字と同様に一マスに二字を入れるが、大文字は一字で一マス分使う。
・句読点、「」は一マス使う。句読点やとじ括弧は行頭に書かないで、前の行の末尾のマスに同居させるか、枠外に書くこと。
・書き出し、段落の初めは一字下げること。
・段落分けを適切におこなうこと。四百字であれば三段落、六百字であれば四段落、八百字であれば四〜五段落が適当。
段落=意味のひとまとまりと考える。論理的に構成しよう。
・指定された字数の九割以上は書こう。

9 アナウンサー試験の筆記対策

ここではいわゆる「一般常識」と呼ばれる筆記試験について紹介します。筆記試験のボリュームは各局で異なり、B5の紙が一枚のところもあれば、A4の紙が四ページというところもあります。

まず、漢字は必須です。いくつか「過去問」を紹介すると、山車（読み）、諮問（読み）、鬱憤（読み）、埠頭（読み）、擁護（書き）、至難の業（書き）などがあります。市販の問題集で勉強しておきましょう。一般的な読み書きでしたら、漢字検定準二級用の問題集がお勧めです。

市販の問題集に載っていないもので放送局でよく出題されるのは、人名を漢字で書けるかどうかです。これは時事の参考書を見て、人の名前を覚えるときに漢字で書けるようにしておきましょう。政治家やスポーツ選手、芸能人の名前がよく出題されます。

ローカル局では、その土地の地名も出題されます。北海道の局では、有珠山や洞爺湖が出題されたようです。

また、その土地出身の有名人も漢字で書けるようにしておきたいものです。私が熊本放送を受験したときは熊本ゆかりの細川護熙さんが首相だったので、「細川護熙」と漢字で書いたのを覚えています。

また、ローカル局はその土地にまつわる言葉が出され、それを説明する問題もあります。都道府県知事の名前も押さえておきましょう。

一般的な漢字や言葉の問題などの対策としては、NHKアナウンス室編『NHK間違いやすい日本語ハンドブック』（NHK出版、二〇一三年）を読んでおくことをお勧めします。

放送局によっては英語の問題も出題されます。私が熊本放送を受験したときは英文和訳だけで、英作文は出題されませんでした。どの局も問題のレベルはセンター試験程度だと思いますが、英語も対策をしておきたいものです。

10 アナウンサー試験のフリートークとパネルトーク対策

アナウンサー試験と一般企業などほかの職種の採用試験との大きな違いはフリートークやパネルトーク、後述のカメラテストや音声テストの有無でしょう。

フリートークは文字どおり、与えられた時間のなかで自由に話すもので、パネルトークはあるテーマについてのスピーチをおこなうものです。

まずはフリートーク対策から説明します。与えられる時間は十五秒、二十秒、三十秒、一分、二分といった放送局がほとんどです。十五秒であれば、名前と得意なことぐらいで終わってしまいます。どんなときでも、名前はフルネームで言うようにしましょう。十五秒では話の構成などはあってないようなものなので、笑顔と声の大きさを意識します。元気のよさをアピールしてください。二十秒になると、名前や得意なことに加えて、放送局でしてみたい仕事についても話せます。原稿にすれば百字分ぐらいは話せますので、前もって構成しておいてください。

三十秒では自己PRを兼ねたものにする人が多いです。自分の特性と、それを裏づけるエピソードがあるといいでしょう。エントリーシートで書いたことと重複してもかまいません。自分の「持ちネタ」のなかで最も訴えたいことを選んだほうが自然に、かつ自信を持って話せるはずです。

一分、二分の場合も三十秒の場合と同様に、特性とエピソードを伝えることが必須です。一分であれば、三十秒のエピソードをより詳しくするといいでしょう。二分の場合はエピソードをもう一つ増やし、さらに放送局でしてみたい仕事も盛り込めます。一分で三百字、二分で六百字が目安です。

パネルトークで出されるテーマは千差万別です。「特技」「最近、大笑いしたこと」といったような受験生自身についてのものもあれば、「渋谷」「マグカップ」などの固有名詞、一般名詞がポンと出されることもあります。また、放送局によっては、時事問題を出してくるところもあります。

受験生自身についてのものは、それまでのエントリーシートや面接でしっかりできあがっているはずなので、パネルトークにあたっては特に準備する必要はないでしょう。対策としては、「渋谷」「マグカップ」といった固有名詞、一般名詞が問題として出された際の練習をしておきましょう。そういったテーマが出されたときに瞬発力よく話し始め、しかも面白い話ができるかどうかが大事です。友達や家族など、周りの人にテーマを出してもらって練習してみてください。「火事場の馬鹿力」という言葉もありますが、放送局では「土壇場での力」が求められます。それが発揮できる人かどうかを見極めるための試験なのだと思います。

フリートークにしてもパネルトークにしても、表情や声、アナウンスメントもチェックされます。方言が抜けきらない人、若者言葉を多用している人は要注意です。しっかりレッスンして臨んでほしいと思います。

11 アナウンサー試験の音声テストとカメラテスト対策

音声テストは主にラジオ局でおこなわれている試験で、ラジオとの兼営局でもカメラテストの代わりにおこなうところもあります。原稿読みとフリートークが中心です。原稿読みの内容はニュース、地域のニュース、スポーツニュース、天気概況、季節の話題、CM、提供読み（「この番組は○○の提供でお送りします」というものです）など、多岐にわたっています。

対策としては、やはり独学では難しいので、スクールなどでレッスンを受けることをお勧めします。大学一年生のときからスクールに通う人もいますが、実際にアナウンサーになった教え子を見ると、三年生からという人が圧倒的に多いです。放送局では入社後に研修期間がきちんと設けてありますので、そこでしっかりした指導を受けられます。したがって、放送局の試験ではプロフェッショナルなアナウンサーのような原稿読みは求めていません。そうかといって、あまりにも読み間違いが多い、訛りが取れていないということであれば、アナウンサーへの適性自体を疑われてしまいます。スクールで最低限の話し方の基礎を身につけてください。

最近の大学生に共通する弱みは漢字の読みです。もちろん、原稿読みは緊張を伴うものなので、本当は正しい読み方を知っているのに、緊張して誤読してしまうことはありえます。しかし、最近の大学生は「本当に知らない」というケースが多く、驚くほどです。漢字の読みが苦手な人はぜひ、問題集を買って取り組んでください。漢字検定準二級対策用の問題集がお勧めです。これは筆記試験対策にもなり、ほかの企業などを受験するときにも役に立つはずです。

カメラテストは、カメラ映りをチェックするためにおこないます。一次面接でカメラテストをおこなうことはなく、受験者をかなり絞り込んだ段階でおこなわれるのがほとんどです。カメラに向かって、一分ぐらいの自己PRを話すこともあれば、パネルトークをさせることもあります。

また、天気カメラを使う放送局もあり、天気カメラで撮っている映像を受験生に描写させます。受験した人は、「土地勘もなく、そのあたりの気候や建物もわからないので、大変でした。有名な建物を天気カメラで映してくれていたようですが、観光パンフレットで調べていたものと、天気カメラで見るものは違って見えるんです。見えたものについて、明るく話ができるかどうかが大事みたいです」といいます。これは日頃から観察力をつけ、描写力を磨いていくしかありません。

原稿読みは短い局では一枚、長い局だと五枚ぐらいあります。その際、プロンプターを使う局もあります。プロンプターは手元の原稿を正面のカメラに映し出すものですが、慣れていないと、つい手元の原稿に視線を落とすことになります。ある受験生も「プロンプターに慣れていなかったので、下を見ることが多くなってしまったんです。採用担当者には読みにくそうにしていると見えたらしく、面接後に視力を尋ねられました」と言っていました。しかし、プロンプターに慣れている受験生はほとんどいません。何度も視線を落とすのはよくないですが、そこまで気にする必要はないでしょう。むしろ、アナウンサーになった気分を楽しむぐらいがいいかもしれません。

第3章 アナウンサーの合格体験記

本章は合格体験記です。前に述べたように、私は二〇〇三年に早稲田セミナー（現ＴＡＣ）梅田校のアシスタント講師になり、〇四年から梅田校と京都校の講師として、アナウンサーを送り出すお手伝いをしてきました。また、西日本の多くの大学に出講し、アナウンサー志望者への就職支援をおこなってきました。一一年に東京に住まいを移したことをきっかけに、アプローズキャリアを主宰し、引き続きアナウンサー受験をサポートしています。

本章には、私が早稲田セミナー梅田校と京都校、アプローズキャリアで指導した受講生のなかから十人の合格体験記を所収しています。合格者のみなさんに、アナウンサーを目指したきっかけや時期、アナウンサー受験をするにあたって準備したこと、苦労したこと、試験の流れのほか、アナウンサーとしてどういう仕事をしているのか、どういうやりがいを感じているのかなどを聞きました。アナウンサー志望のみなさんにとって、合格者がどういうことを考え、どういう行動をしたのか、アナウンサーとしてどういう仕事をしているのかは興味があるところだと思います。そして、アナウンサー志望者へのメッセージを全員に聞いていますので、参考にしながらアナウンサー受験に取り組んでください。自分が就きたい仕事をしている人たちの声を読めば、きっと感動するし、励まされることでしょう。

ただし、インタビューした時期がまちまちで、現在の所属先や仕事内容がインタビュー当時と異なっている場合もありますが、ご了承ください。

1 読売テレビ放送 Aさん

――アナウンサーの仕事に憧れたのはいつ頃ですか？

高校生のときです。読売テレビの『ニューススクランブル』（一九九〇―二〇〇九年）でキャスターをしていた横須賀ゆきのさんに憧れました。私は小さい頃からピアノを弾いていたので、表現する仕事に興味があったんです。高校生になって、アナウンサーもいいなと思うようになりました。

――読売テレビのインターンシップに行ったんですよね。

大学三年生の夏に行きました。二日間のインターンシップで、総合職、アナウンサー、技術職に分かれた十人の参加者がいました。そこで、アナウンサーを目指す人たちがみんなスクールに通っていることを知って、インターンシップ後に私も入校したんです。

――インターンシップはいかがでしたか？

行ってよかったですし、大学生にも行くべきだと勧めたいです。読売テレビのインターンシップの場合は、エントリーシートと一回の面接があります。そして、実際に職場に行って、ごく一部ではありますが、スタジオも見学して、アナウンサーから直接、指導を受けることができました。ベテランのアナウンサーが原稿読みを教えてくださったり、お話をしてくださるなかで、職場の雰囲気を感じることができました。具体的なイメージができ、この仕事をしたいと思いました。放送局は局によってカラーが違うので、インターンシップで雰囲気を感じるのは大切ではないでしょうか。

――どんな雰囲気を感じたんですか？

先輩方が親切で、いままで勝手に抱いていたアナウンサー像がいい意味で変わって、ここにいたいと思いました。アットホームで、なじめそうだと感じましたね。

――キー局は受験しなかったんですよね？

関西がとても好きなので、東京にはなじみがなくて行きたくなかったんです（笑）。私が受験した年は在阪局でアナウンサーを採用するのは読売テレビだけだったので、一本に絞りました。総合職の受験もしていません。読売テレビのアナウンサーが駄目なら、商社などを受験しようと考えていました。

――読売テレビのアナウンサー試験の流れを教えてください。

エントリーシートのあとは一次面接がありました。一次面接は、十五秒の自己紹介と初見での原稿読みでした。原稿読みでは少しかんでしまいましたが、通りました。それから二次面接と筆記試験です。筆記試験は、一般的なSPIと作文でした。

――筆記試験対策はどのようにしていたのですか？

商社の受験を考えていたので、SPIの問題集をしていました。作文はアナウンサーのスクールでやっていた程度です。ただ、「四百字で」などと字数を制限されて書く練習をした経験はカメラテストでも、入社後に原稿を組み立てるときにも役に立っています。

――三次面接はどのようなものでしたか？

午前中は原稿読みの講習があり、午後はカメラテストでした。カメラテストでは、午前中の講習で注意されたことを生かせているのかどうかを見ていたようです。カメラテストでも原稿読みがありましたが、初見ではなく、下読みする時間もありました。カメラに向かって自己PRもしたほか、「天の声」からの十問の質問に答えるというテストもありました。

――どんな内容でしたか？

困ったのが「最近、印象に残ったものを体で表現してください」というもので、十秒以内に始めなければいけないんです。私はフィギュアスケートの浅田真央選手のフィニッシュのポーズをしました（笑）。一方では、硬い時事問題について真面目に意見を述べるというものもありました。内容よりもそのときの表情を見ていたと思います。また、パネルトークもありました。これは二つの時事問題から一つを選んで、一分間、話すというものでした。緊張しましたね。瞬発力が必要でした。

――最後が役員面接ですね？

社長を含め八人ぐらいの役員がいましたが、雰囲気は和やかでした。その後、近くで待っていてということでしたので、母を呼んで、読売テレビの近くの喫茶店で待っていたんです。そうしたら携帯電話が鳴って、内定を告げられました。すぐに会社に戻りました。人事部の社員から「おめでとう」と言われて、うれしかったです。

――入社後の研修はいかがでしたか？

入社前も研修を受けていて、腹式呼吸やロングトーンを習っていました。そこではアクセント辞典を二往復して、自分と違うアクセントの言葉を見つけたらラインマーカーを引くようにと言われました。入社後は三カ月間の研修を経て、ニュースデビューしたのが八月末でした。研修は発声、滑舌、原稿読み、表現力を高めるレッスンなど内容は様々でした。ただ、同期のアナウンサーがいないので、自分の進度がわからなかったんです。いつデビューできるのか、先が見えないことも不安でした。ほかの局の新人アナウンサーを見て孤独を感じることもありましたが、同期がいないぶん、プレッシャーもなく、じっくり見てもらえたのはよかったです。

――新人時代はどんな仕事をしていたのですか?

朝の情報番組を担当していました。体当たり系の仕事が多かったですね。物まねパブで物まねを披露したり、空中ブランコから飛び降りたり、世界一臭いといわれている食べ物を食べたりしていました。また、高校サッカーの中継では応援席リポートもしました。

――それから夕方ニュースの担当になったのですね。

入社三年目の七月から担当しています。朝の番組は天気キャスターから始まり、メインを担当しました。海外での取材はドバイ、パラオ、イタリア、インドネシア、韓国、ハワイ、インドなどに行きました。

――仕事のやりがいはどんなところにありますか?

アナウンサーはカメラに向かって話すだけではなく、イベントの仕事も多いんです。イベントで視聴者から、「いつも見てるよ」「頑張ってね」と声をかけていただくとうれしいですね。これまで自分が生きてきた世界は狭いものでしたが、アナウンサーの仕事を通じて新しいことにチャレンジでき、見たことがない世界を知ることができるのはありがたいです。

――大学生とふれあう機会はありますか?

以前は採用試験のお手伝いをしていたので、受験に来る大学生を見る機会はありました。読売テレビの恒例になっていましたが、アナウンサー二人がパントマイムのコントをして、受験生がそれを実況するんです。そのときに大学生の自己PRを聞いていましたが、「世界一周をした」など似通った話が多いのが気になりました。普通に話しているときはとても面白い人が、試験になるとしゃくし定規に話してしまうのはもったいないです。自分らしい話をしたほうがいいですよ。読みがじょうずな人もいますが、読みだけで決まるわけではないと思います。

――アナウンサーを目指す大学生にメッセージをお願いします。

アナウンサー試験に向けて、いろいろな対策をしていると思います。一、二年生のうちは自分が好きなことを精いっぱいやって、後悔しないようにしてほしいです。せっかくの大学生活ですから、趣味や頑張りたいことに打ち込んで、時間を思い切り使ってください。アナウンサー試験にあたっては、自分の軸をぶらさずに、素直に等身大で当たってください。大変なこともありますが、アナウンサー試験がすべてではありません。その先のことを考えながら、希望を持って頑張ってほしいです。

2 元日本海テレビ　Bさん

——Bさんは声楽をしてきたんですよね。

小さい頃から歌うことが好きで、小学三年生のときに合唱団に入ってずっと活動していたんです。高校生になって、一人で歌うこともしてみたくなり、声楽の先生につきました。それで、音楽の先生になろうと思って教育学部に進学したんです。

——それがなぜアナウンサー志望に変わったんですか?

音楽の先生もよかったのですが、声を使う仕事はほかにないかなと視野を広げて考えたときにアナウンサーという仕事を知りました。そのときはすでに大学二年生の終わり頃で、アナウンサー志望者のなかでは目指した時期が遅いですね。

——アナウンサー受験に対して、どんな準備を始めましたか?

大学の近くのローカル局でタイムキーパーのアルバイトをすることにしました。ここで放送局の方々と身近に接することができ、ローカル局ではアナウンサーが企画なども出せるのだと知りました。それから、アナウンサーのスクールに入りました。アナウンサーを目指す友達もいなかったことや、アナウンスメントの発声は合唱や声楽とは違うと聞いていたので、大学三年生の秋から年明けにかけてのコースを受講しました。

――スクールに行ってみて、いかがでしたか？

アナウンスメントの技術的なことは初めて教わったので面白かったですが、そこでできた友達から面接の情報を聞いたり、エントリーシートを見せ合ったりしたのがよかったです。どういう人がいて、どんなエントリーシートを書いているかということをお互いに確認できたのは心強かったです。

――スクールと並行して、アナウンサー受験も始まりましたね。

私の場合はアナウンサーを目指したのが遅かったので、写真の準備が間に合わず、フジテレビとテレビ朝日は応募していません。TBSはエントリーシートを持参する面接でしたが、すぐに落ちてしまいました。テレビ東京も落ちました。ただ、東京に行ったことで、有名な写真館で撮影できました。アルバイト先のローカル局の若手アナウンサーに話を聞くまで、私はアナウンサー受験では全国を行脚すること、写真を用意しなければいけないことを知らなかったんです。その若手アナウンサーは遠方のご出身で、私は「この方はなぜ縁もゆかりもないところで働いているんだろう」と思っていたぐらいでした。でも、有名な写真館に行ってみたものの、あまり満足いく写真ではなかったんです。その後、小さい頃からずっと撮影してもらっている実家近くの写真館で撮り直しました。

――在阪局はいかがでしたか？

その年は毎日放送と朝日放送でアナウンサー試験がありましたが、エントリーシートに通っただけで、一次面接で落ちました。アナウンサー試験はこんなにも受からないものなのだと悟りました。それからローカル局の試験が始まり、四年生の春頃からは少しずつ面接に通るようになってきました。私は実家の近くで働きたかったので中国・四国地方に絞って受験していたのですが、最終まで残ったのがＦＭ愛媛でした。最後の二人に残れたことで少し自信がつきました。

――一般企業も受けましたか？

東京に本社がある人材派遣会社を受けて、内定をもらっていました。でも、私としてはアナウンサーになりたかった。中学校や高校で音楽の教員になる選択肢もありましたが、教員の採用試験までは手が回りませんでした。

――エリアを絞ると、受けられる放送局も少なくなりますね。

広島県の放送局は中国放送しか募集がなく、しかもスポーツ実況ができる人ということだったので、男性を採用したかったようです。でも、島根県と鳥取県の放送局は三局ともアナウンサーを募集していて、結果として五人の女性を採用したんです。女子アナウンサーが五人誕生ということで、入社後すぐに「山陰中央新報」に取材されました。

――では、入社が決まった日本海テレビの採用試験の内容についてお聞かせください。

エントリーシートを八月の終わりに出して、九月下旬に一次面接でしたから、ほかの放送局よりも遅いタイミングでした。一次面接は本社でおこなわれました。受験生一人に対し、副部長クラスの社員が五、六人いました。これは総合職の試験でも同様で、いまも変わっていません。これに通過後、十月下旬に二次面接と筆記試験がありました。面接ではカメラテストもありました。筆記試験はすべてマークシートで、一般常識と英語でした。

――それから最終面接ですか？

十一月上旬に最終面接がありましたが、これは役員面接でした。女性三人が残っていて、そのうち二人が内定しました。日本海テレビは一次面接から最終面接まで、圧迫面接はなく、三十秒や六十秒のフリートークもありません。質疑応答の数自体が少なかったんです。アナウンスメント技術にしろ度胸にしろ、「試される」ことがあまりない採用試験だと思います。最終面接が終わり、その日のうちに電話がありました。ちょうど高速バスに乗っているところでしたが、内定の知らせを聞いて泣いてしまいました。これでアナウンサーになれると思いました。

――入社前に研修はありましたか？

ありませんでした。入社後に社内で研修を受けました。六月上旬にストレートニュースを読んだのがデビューです。緊張しすぎて、何も覚えていません。六月からは初のレギュラー番組として、鳥取県の県政番組を担当しました。週に一回、十五分の番組なのですが、放送局側に任されているところが大きくて、自由な作りでした。コスプレなども経験しました（笑）。

――それからニュースキャスターになったのですね。

夕方のニュースでキャスターになりました。私と同期の女性で半分ずつ担当しましたが、メインは男性アナウンサーなので、横でニュースを読むのが主な仕事でした。三年八カ月、続けました。その間はずっと鳥取県の県政番組とニュースの仕事が半々でした。

――情報番組もしていますよね。

入社五年目の七月に、週に一回の朝の情報番組を担当することになりました。その仕事は退社する直前まで、四年続けました。スタジオは生放送ですが、VTRのためのロケに出ることも多いです。私は真面目な顔でニュースを読むよりも体当たりで取材するほうがキャラクターに合っていたのだと、あとでわかりました。街でお会いした視聴者からも「面白い人ですねー」とよく言われました。「かわいい」よりも「面白い」と言われるほうが多いですね（笑）。それは番組のなかで作ってきたキャラクターでもありますが、番組のなかでは最年少でしたので、「どんくさい」「できない」キャラクターになっていったようです。北海道の余市のロケではNHKの『マッサン』の主題歌になった中島みゆきさんの歌を急に歌ったり、イタリアンレストランのロケではピザが焼き上がるまで、オペラっぽい歌を歌ったりして、場をつないだこともあります。

――声楽をしてきたことも生かせているのですね。

音楽を続けてきたことはよかったです。大学では授業の一環で、『キャッツ』などのミュージカルの上演もしていたんです。声楽専攻ですから、ダンスよりも歌を中心とした舞台で、いまから思えば学生のお遊び程度なのですが、みんなで何かを作り上げる楽しさは放送にも通じるので、面接でもその経験を話すことが多かったです。この『キャッツ』の映像は日本海テレビで何回も流していただきましたよ（笑）。これで自分は「歌うキャラ」になっていったように思います。また、日本テレビ系列の局では『歌唱王～歌唱力日本一決定戦』を放映していますが、その審査員も務めていました。

――スポーツに関してはいかがですか？

日本テレビでは全国高校サッカー選手権大会の中継をします。系列局のアナウンサーにも仕事があり、基本的には一局一人のアナウンサーが集められます。日本海テレビは鳥取県と島根県の二県をカバーしていて代表校も二校ですから、アナウンサーも二人出ます。一人はスポーツ畑のアナウンサーが出ますが、もう一人ということで私が東京に行き、リポーターをしました。

――ほかにどんな仕事をしてきましたか？

島根県の県政番組やＪＡ（農業協同組合）の番組を担当しました。『24時間テレビ』にも出演したほか、『中四国レインボーネット』（日本テレビ系）もずっと続けました。最近のローカル局ではアナウンサーも一人二役が求められていますが、私はありがたいことにアナウンサーらしい仕事をしてきました。記者としての仕事がなかったので、原稿もほとんど書いたことがなく、編集もしたことがありません。ウェブサイトへの入力といったデスクワークや番組で着る衣装を借りに行く程度の仕事はありましたが、基本的にはアナウンサーの仕事だけをしてきました。

――どんなときにアナウンサーになってよかったと思いますか？

いろいろな方とお話をしたり、分野にとらわれることなく、様々な経験が積めたと思うときですね。視聴者から「テレビでやっていた、あのお店に行ってみたよ」という声をいただくなど、反応や反響があったときもうれしいです。

――アナウンサーを目指す大学生にメッセージをお願いします。

アナウンサー試験で求められているのは、きれいな声をしているとか、アナウンスメント技術ではありません。いろいろなことに興味を持ち、いろいろなところに出かけて経験を積んでほしいと思います。アナウンサー試験の面接では何でも話題になります。昨日食べたご飯のことや、けさ見た花のことでもいいので、経験したことを話せるようにしましょう。

また、何か一つ得意なことがあると有利だと思います。私の場合は声楽でした。声楽を学んだことでミュージカルを作ることもできた経験は面接での大きな武器になりました。ただし、入社後は声楽で得られた発声の技術などはあまり関係ありません。それまで生きてきたなかで、どういうキャラクターになり、どんな表現ができるのかを面接では見ているのだと思います。

3 元福島中央テレビ　Cさん

――アナウンサーになろうと思ったのはいつ頃でしたか？

小学生のときです。でも、周りにアナウンサーがいる環境でもなかったので、漠然とした感じで、何をすればいいのかわかりませんでした。大学に入るときには少し意識してメディア学科を選びましたが、そこに入ったからといってアナウンサーになれるわけではありません。ただ、メディア学科では放送だけではなく、映画や雑誌についても学べたので、面白かったです。

――Cさんはとにかくテレビが好きでしたよね。

そうなんです。小さい頃からミーハー的にテレビをずっと見てきました（笑）。

――就職準備はどのように始めたのですか？

三年生になって、アナウンサーのスクールに通うまでは何もしませんでした。ただ、アルバイトをして貯金をしていました。就職活動にあたってはこの貯金が役に立ちました。アナウンサーになるには関西弁を何とかしなければいけないと思っていたので、スクールに入ったんです。スクールに通っている間だけでも関西弁をやめられるといいな、というぐらいの気軽な気持ちでした。三年生の夏にテレビ局のセミナーを受講するためにエントリーシートを初めて書きましたが、エントリーシートが通ったのは日本テレビだけでした。

――日本テレビのセミナーはどうでしたか?

原稿読みをしたり、スタジオを見学したりなど、一般的なセミナーでした。質疑応答の時間もあったのですが、質問できずに終わってしまいました。テレビ局はこんなところなんだ、という実感だけが残りました。

――秋から就職活動が本格的に始まったんですよね。

キー局はほとんどエントリーシートで落ちてしまいました。TBSはエントリーシートを自分で持っていくので面接を受けましたが、自己紹介ぐらいでしたので一分程度で終わりました。準キー局は毎日放送のエントリーシートが通りました。毎日放送の面接では「説明会に来たよね」と言われました。面接官が私のことを覚えていてくださったのに、「説明会のときよりおとなしいね」と言われて、それで終わってしまったのはもったいなかったなと思います。年明けには愛知県、北海道、宮城県などにある放送局の試験が始まり、四年生になってからもローカル局を受け続けました。

――一般企業の就職活動も始めましたよね。

四年生になって、一般企業も受けるようになりました。大手のエステティックサロンをはじめ、複数の企業から内定をもらっていましたが、営業職に興味があったので、人材派遣会社に入社することにしました。

――一度はほかの企業で働いたんですね。

新卒として四月に入社しましたが、やはりアナウンサーになりたかったので、九月に退社しました。そして東京に出て、一人暮らしを始めることにしたんです。関西の実家にいたままでは何もできない、標準語習得のためにも東京で暮らそうと思いました。

――東京ではどのようにして暮らしを立てていたんですか？

派遣でテレホンアポインターの仕事を始めました。その仕事の合間を縫って、アナウンサー試験を受け続けたんです。でも、この期間に受験したのはＮＨＫの契約キャスターだけですね。四カ月ぐらい受け続けて、年明けに甲信越地方のある局から内定をもらいました。そして、二月にアナウンサーとして出演が始まったんです。

――その局を受けたときのエピソードはありますか？

試験の日、雪で高速バスが止まったんです。十時からの試験だったのに、十六時ぐらいにしか局に着けそうにありませんでした。局に電話をしたら、「その時間まで試験をしていれば、受けることはできますよ」と言われたので、それで開き直れたような気がします。面接では「バスが止まったとき、どう思いましたか？」と聞かれたので、「乾パンや水が配られたので、面白かったです」と言いました（笑）。「申し訳ないという気持ちにはならなかったの？」とも聞かれたので、「後ろめたい気持ちはありましたが、何とかたどり着いて、試験を受けたかったです」と率直に答えました。人生、何があるかわかりません。

――それから福島中央テレビに転職したんですね。

ＮＨＫの契約キャスターは一年契約なので、また就職活動をしました。契約が終わってから、福島中央テレビの内定までは少し時間が空いたので、データ入力の仕事をしたりもしていました。でも、「アナウンサー試験を受けたいので、休みがほしい」と言うと休みをくださったり、周りの方々には本当に恵まれたと思います。私としても、アナウンサーになるのにここまで粘れるとは思ってもみませんでした。最後は意地のようなものでしたね。

――福島中央テレビではどんな仕事をしてきましたか？

夕方四時からの情報番組でグルメコーナーを担当したほか、不定期にリポートや中継などをしていました。また、報道ではスポーツも担当しました。私は小さい頃から野球が大好きで、スコアシートも付けられるので、自分からやりたいと立候補したんです。高校野球のほか、BCリーグの福島ホープスの取材もありました。福島ホープスの監督は岩村明憲さんで、実は、私は岩村さんのクリアファイルを持っているんです。岩村さんがWBCに出場したときにファストフード店でもらったものなんですが、そのクリアファイルを見せたら、喜んでくださいました。私も「クリアファイルの人と話しているんだなあ」と思ってしまいました。

――福島県はバスケットボールも盛んですよね。

はい。主に福島ファイヤーボンズの取材をしました。最初は野球だけでしたが、バスケットボールを担当していた先輩アナウンサーが異動になったので、これも「させてください」と言ったんです。でも、バスケットボールにはあまり詳しくなかったので、一から勉強しました。スポーツの試合は週末にあることが多いので、週末は取材で、月曜にオンエアという流れです。その間は昼と夜にニュースを読んだり、報道の中継も担当しました。福島中央テレビは自分がやりたいことができる環境で、かなり貪欲に取り組めました。福島県はいろいろな意味で注目されているので、有名な方々がよく来県されるんです。福島中央テレビで『情報ライブ ミヤネ屋』（読売テレビ）を放送したこともありました。勉強できる機会が豊富にありました。

――アナウンサーを目指す大学生にメッセージをお願いします。

アナウンサー試験では、面接で「何をやりたいのか」を必ず聞かれます。ここでブレないことが大切です。私はスポーツでしたが、途中でブレてしまって、ある局の試験で「情報番組に出たいです」と言ってしまったことがあります。でも、「なぜですか?」と問われてしまったときに、きちんと理由が話せなかったんです。それで、嘘をつかず、スポーツだと言い続けることにしました。ただ、どこの局でも高校野球の実況ができるわけではありません。そんなときは「サブアナウンサーでも、リポートでもいいです」と言ったり、「子どもたちの野球チームを取材したいです」と言ったりして、アクティブな面を出すようにしました。

また、アナウンサー受験には交通費や宿泊費、写真代などのお金がかかります。ローカル局も含めて目いっぱい受験するなら、最低百万円は貯金しておいたほうがいいですね。私は朝六時からのファストフード店のアルバイトで貯金していました。球場でビールを売ったり、着ぐるみを着るようなアルバイトもしました。サークルには入っていませんでしたが、いろいろなアルバイトをしたことで、面接で話せる内容も増えたように思います。

4 びわ湖放送　Dさん

——アナウンサーになりたいと思ったのはどうしてですか?

小学校からずっと野球をやってきて、野球に携わる仕事がしたかったんです。高校三年生の夏に部活動を引退するときにプレイヤーとしての夢は諦め、アナウンサーかスポーツ新聞の記者か球団職員かと考えました。そのなかでのファーストキャリアとしてはアナウンサーしかないですから、アナウンサーに絞りました。大学進学にあたっては就職活動のことも考え、文学部人文学科で社会学を専攻することにしました。

――大学ではどんな活動をしていましたか？

体育会のソフトボール部に入っていたほかは記者のサークルにも入っていました。アナウンサーを目指すサークルが大学内になかったので記者のサークルに入ったのですが、熱心に取り組んでいたのはソフトボールのほうでした。

――アナウンサーのスクールに入ったのは三年生になったときでしたね。

ネットで調べて、大学から通いやすい梅田にあったスクールに入りました。スクールでは、アナウンスメントや作文の書き方を習ったほか、毎回の宿題として「新書を読んで、感想を書くこと」がありました。感想を書くだけではなく、レッスンではその感想を話さなければいけなくて、うまく話せないと、尾川先生から「もう一回」と言われていたのを思い出します。新書なら何でもよかったので、私は自己啓発系の本をよく読みました。これでプラス思考ができるようになったと思いますし、いまも「やってやるんだ」という気持ちや上昇志向がなかなか抜けませんね（笑）。

――三年生の夏には最初のエントリーシート提出がありました。

最初に書いたエントリーシートがフジテレビの「お台場アナウンススクール」でした。これに通過して、フジテレビでのセミナーを受講できました。このときは、「これでアナウンサーになれるかも」という手応えは全くありませんでしたが、本気でアナウンサーになりたいという友達やライバルができたことは感謝しています。秋にはＮＨＫの一日レッスンに呼んでいただきました。選ばれた人だけの参加なので、すごい人ばかりで、私ももっと頑張らなくてはいけないんだとモチベーションが上がりました。そういう場では「あの人はどこかに決まっているんだって」という噂も飛び交っていましたね（笑）。

――ＮＨＫのレッスンはいかがでしたか？

大阪でのレッスンのときに野球の実況を少しおこなったのですが、とても褒められたんです。私も「楽しい」と思いました。当時アナウンサーになれるかどうかはわからなかったのですが、こんなに楽しい仕事をしてみたいと思ったことを覚えています。

――三年生の秋から就職活動が始まりましたね。

キー局はすべてエントリーシートは通ったのですが、二次面接で落ちてしまいました。ＮＨＫは最終の一つ前までは行きました。その年は準キー局の採用が少なかったのが残念でした。私は選択肢を増やす意味もあって総合職試験も受けていたので、四年生の四月下旬に在阪準キー局から総合職としての内定をもらいました。

――でもアナウンサーになりたかったんですよね。

準キー局ですし、プロ野球の中継もしていたので、ディレクターとして野球に携わることはできるだろうと思いましたが、ディレクターになったとしても、野球中継を担当できる保証はないですしね。内定者も二人と少なかったので、かなり迷いました。内定後は通っていたスクールでチューターのアルバイトをしていましたが、後輩たちを見ていて、またモチベーションが上がってきました。それで、アナウンサー試験を受けることにしたんです。内定してから半年後のことでした。

――四年生の秋に就職活動を再開したんですね。

このときはテレビ朝日系列のローカル局に絞りました。高校野球の実況をしたかったからです。経済的にもきつかったのですが、「内定している局があるのに」と思うと精神的にもつらかったです。でも「喋りたい、アナウンサーはファーストキャリアでないとなれない」という思いで活動していました。結果として、十二月に東北の局から内定をもらいました。

――その試験について、詳しく教えてください。

まず、エントリーシートと同時に作文も出しました。そして書類審査の通過後、現地で面接試験と筆記試験を受けました。ここでは「いまはこういう状況にあるけれど、野球が好きなんです」と率直に話しました。「何でもやります」ではなく、「野球の実況がしたい」と言い切れたことがよかったのかもしれません。それからカメラテストと役員面接を経て、内定へという流れでした。会社側は書類審査でかなり絞ったようで、一次面接にはもう二十人ぐらいしかいませんでした。私は面接試験の受験番号が一番でした。「一番の人は受からない」というジンクスを聞いたことがあったので、あとから人事の人に「どうして私が一番だったんですか？」と質問したら、「Dさんはいちばん遠くから来たから、いちばん先に帰してあげられるようにしたかったんだよ」と答えていただいたんです。ジンクスを気にしたことが申し訳なかったですね。

――東北での局アナウンサー生活を振り返って、いかがですか？

高校野球の実況はかなり経験しました。一カ月で六、七試合を担当しますので、本当に勉強になりました。五年間でどれだけの試合を実況したのかと思います。この局にもう少し長く勤めたかったのですが、結婚もして、地元のびわ湖放送に転職することになりました。びわ湖放送ではこれまでの経験と技術を発揮していきたいと思っています。いまはアナウンサーとしてよりも記者の仕事がメインですが、東北の局でも記者職をしてきたので、苦ではありません。関西の放送局で働いている梅田のスクールでの同期生や後輩が多くいるので、テレビやラジオでみんなの活躍にふれるのも刺激になっています。

――アナウンサーを目指す大学生にメッセージをお願いします。

スポーツ実況はアナウンサーの最後の砦であり、絶対領域ともいえるものです。東京オリンピックでは実況アナウンサーの数が足りなくなるともいわれています。地方からも呼ばれるかもしれないことから、みんなモチベーションが上がっているところです。テレビ離れが顕著になる一方ですが、スポーツ中継となると多くの人がテレビを見ますし、その実況をするアナウンサーは花形中の花形だと思います。こんなに幸せな職業はありません。私もみなさんと一緒に高め合っていきたいです。

しかしながら、大学時代は就職活動やアナウンサーになるためにあるわけではありません。学業、サークル活動、アルバイトなど、いろいろなことを頑張ってほしいと思います。取材では第一線で活躍している人たちだけでなく、一般の方々にもお会いします。一生懸命に生きていらっしゃる人の話は面白いです。面接官も一生懸命に大学時代を生きてきた人の話を聞きたいはずですから、大学時代でなければできないことに打ち込んでほしいと思います。

5 毎日放送 Eさん

――アナウンサーになりたいと思ったのはいつ頃のことですか？

大学三年生になる前の春休みです。政策学部だったので、教職や公務員にも興味があったのですが、放送で世の中に貢献したいと思いました。小さい頃からラジオが好きで、阪神タイガースも好きだったし、喋る仕事をしてみたかったのがきっかけです。

——それで、スクールに入ったのですね。

京都にあったスクールに通うことにしたのですが、すぐにエントリーシートを書かなければいけなかったので、時間がありませんでした。スクールで気づいたことは、私には英語や体育会出身といった、わかりやすい武器がないということです。そこで、改めて自分の強みは何かを考えてみました。私は毎日、新聞を読んでいて、時事問題が得意だったことから、フリートークにもあまり不安がありませんでした。それから阪神タイガースに詳しかったので、野球関係にも強みがあるかとは思っていました。

——Eさんは放送局に絞った就職活動でしたね。

アナウンサー職と総合職の二本立てで、ほかの企業は受けていません。アナウンサーになりたいと思った時期が遅かったこともあって、新聞社や広告代理店まで手が回らなかったというのが実情です。総合職試験では筆記試験の力や企画力が求められるので、ここで内定できるぐらいの実力があれば、アナウンサー試験にも通るのではないかと思いました。

——どのような対策をしたのですか？

企画力を問われたときのために、番組のネタを考えたりしました。また、筆記試験対策としては新聞です。実家で取っていた「京都新聞」を毎日読んでいたほか、二、三日に一度はスポーツ新聞を購入して読むようにしていました。「新聞ダイジェスト」(新聞ダイジェスト社)でまとめて勉強する人もいましたが、私は毎日読むことを心がけていました。時事問題に関しては、マスコミ受験用の問題集にも取り組みました。いまならニュース検定の二級を受験してみることをお勧めします。半年前の内容が出題されますから、筆記試験対策になります。

――時事問題に強みがあったのはよかったですね。

私に限らず、社会科学系の学部出身者は時事問題に強い人が多いと思います。時事問題に苦手意識がないと、筆記試験だけでなく、カメラテストやパネルトークにも不安なく臨めます。面接でも時事問題に強いとアピールできるので、武器になりました。半面、私はSPIが苦手でした。当時の放送局の試験ではSPIを導入しているところが少なかったのでよかったです(笑)。

――最初に内定をとったのはいつでしたか?

四年生の五月の終わりに、東海地方のラジオ局から内定をもらいました。スクールの仲間をみると、三月に準キー局の総合職で内定をとった人、四月にローカル局のアナウンサー職で内定をとった人がいたので、私は遅めでした。ゴールデンウイークに入っても内定がなかったので、焦ってもいました。四月は二、三日に一回のペースで面接が入っていたのに、五月になると週に一回のペースになっていきました。この年は在阪準キー局の採用がほとんどなく、東北や九州の採用が多かったですね。働きたい放送局があっても、そこの採用試験があるかないかは本当に運だと思います。

——内定までの流れを教えてください。

最初がエントリーシートです。総合職エントリーシート並みの分量があったので、大変でした。「薄っぺらい理由じゃ駄目だな。本気で書かないと」と思いました。これに通過したあと、一次面接は受験生三、四人の集団面接でした。この面接は十分程度で終わり、音声テスト、ニュースやCMの読みテスト、自己PRなどがありました。二次面接は個別面接でしたが、この時点で二人に絞られていました。そして、三次面接を経て、最終面接という流れです。最終面接では「この地域に縁がないけど、大丈夫ですか？」という質問もありました。でも「ワイド番組を担当させたい」という話まであったので、そこでは意思確認という雰囲気でした。実は、最終面接の日は甲信越の局のアナウンサー職の最終面接、九州の局のアナウンサー職の一次面接と重なったんです。そのなかでこの局を選んだ理由は、ラジオが好きだということと地域性でした。

——そして、毎日放送に転職したのですね。いまはどんな仕事をしていますか？

ラジオ局に一年十カ月勤務したあと、毎日放送に転職しました。いまはラジオやテレビでニュースを読んだり、イベントに出演したり、ラジオ番組の取材などをしています。

——どんなことがやりがいになっていますか？

アナウンサーの仕事は毎日、同じ内容のものはありません。ニュースで読む原稿も毎日違いますし、そのニュースは世の中を変えるようなことかもしれません。逆に、自分がやってしまったことで世の中が変わってしまうかもしれないので、緊張も伴います。「毎日、同じ仕事の繰り返しでいやだ」ということがなく、飽きない仕事です。きょうはどんなことが起きるんだろうというワクワク感で出社できるし、差し込み原稿などが入ったり何か起こったときには「よし、ビシッと決めてやろう。うまく対応しよう」という気持ちにもなります。

――アナウンサーを目指す大学生にメッセージをお願いします。

「何をしたい」かよりも「何を伝えたい」かを常に考えてほしいです。「地域を元気にしたい」「野球の実況をしたい」といった「何をしたい」や、出演したい番組名についてはよく聞くのですが、「何を伝えたい」かを言える大学生は少ないように思います。採用試験では「何を伝えたい」かが軸になりますので、軸の意味を取り違えないでほしいです。

個人の主観ですが、東日本大震災（二〇一一年）以降、アナウンサーに求められる役割が変わってきたように感じています。放送に向けられる目も厳しくなり、いわゆる「おバカキャラ」ではなく、ミスをしないこと、しっかりできて当たり前だというふうになってきました。正社員で採用するとなると、定年までの間、企業は三億円から四億円の人件費を払うわけです。最初はもちろん給料に見合う仕事はできませんが、採用試験では将来、その金額にふさわしい人材になれるかどうかを見ていると思います。「武器」になるものがなければ、勉強しましょう。仮に武器が「ＴＯＩＥＣ満点」だとするなら、その武器を仕事のなかでどう生かすのかを面接で話せるようになってください。

アナウンサー試験は合格率が低いですし、アナウンサーになれたとしても思いどおりの仕事ができるかどうかはわかりません。野球の実況がしたくても、野球中継をしていない局もあれば、していたとしても担当になれるかどうかはわかりません。だからといって、野球中継をおこなっているCS局に新卒で入社するのは難しいです。したがって、志望の仕事を絞りすぎるのはよくないと感じます。そこで、喋る仕事と作る仕事の二本立てで考えてみると、視野が広い志望動機になるはずです。これからは一人でいくつもの役割を果たしていかなければならない時代になるので、アナウンサーであっても、記者やディレクターのような視点がないと厳しいでしょう。

6　西日本のテレビ局　Fさん

——就職活動ではどんなことが思い出に残っていますか？

仲間との思い出ですね。私は大学三年生の四月からスクールに通っていたのですが、スクールの同期生だけでなく、チューターや先生方、写真撮影でお世話になった写真館の方など、いろいろな人との交流が印象に残っています。

――内定した放送局の試験はいつ始まりましたか？

大学三年生の二月に始まったので、ローカル局としては非常に早かったです。準キー局でも毎日放送の一次面接が始まったぐらいでした。最初にエントリーシートと作文を提出しましたが、エントリーシートはＮＨＫ並みに書く量が多かったですね。書く練習を続けてきたのはよかったと思っています。それに通過後、一次面接はグループ面接でした。それから二次面接があり、そのときはカメラテストもありました。最後は社長とのマンツーマンの面接でした。

――筆記試験のタイミングについて教えてください。

筆記試験にとても力を入れている会社のようで、二回あったんです。一回目は一次面接のときで、内容はＳＰＩでした。ＳＰＩは非言語分野も含まれますが、算数レベルなので問題ありませんでした。二回目は二次面接のときでしたが、今度は数学の問題が大量に出ました。私はＳＰＩ対策しかしていなかったので、半分ぐらいしか解けなかったです。でも、何とか内定に至りました。

――内定と同時に就職活動をストップさせたんですよね。

ほかに内定している局もなかったことや、新聞社などの受験もしていなかったので、この放送局にお世話になることにしました。ガス会社や人材派遣会社からも内定をもらっていたのですが、この時点でお断りしました。

——ローカル局の魅力はどこにありますか?

取材対象を継続して追いかけていけることです。スポーツでいえば、スーパー小学生やスーパー中学生など、スーパースターになる前の段階で取材することもあるので、その後が楽しみです。また、地元出身のスーパースターが出てきたときに「おらが村のヒーロー」といった取材もできます。それから、地域に根ざしていることです。街の方々から声がかかったり、ダイレクトな反応もあります。

——ローカル局での仕事のやりがいをどんなところに感じますか?

ローカル局は自己完結できるんです。取材したものをそのままオンエアまで持っていけます。業務はきついけれど、やりがいがあります。アナウンサーも話す仕事だけでなく、記者もすればディレクターもします。そのためモチベーションが低いと、入社後は大変だと思います。

——アナウンサーを目指す大学生はまず何をするべきでしょうか。

仲間を作るべきです。仲間からはいろいろな情報を得ることができます。私がいまの会社で働いているのも、仲間が「あの局にエントリーシート出したか?」と尋ねてくれたからです。そこではじめて、この会社で採用試験があることを知ったんです。仲間とはエントリーシートの添削をしあったり、面接の練習をしあったりしたほか、メンタル面でも支えられました。みんなよき相談相手でした。そのときの仲間とはいまでも友達です。特に同じ系列局に勤めている仲間とは親しくしています。

――Fさんの仲間はスクールの同期生だけではないですよね。

アナウンサー受験を通じて仲良くなった人も多いです。地方在住の友達にはその地方の放送局を受験するときに泊めてもらったり、自分が受けたい放送局のある地方に友達のお兄さんが住んでいると聞けば、その放送局の番組を録画してもらったりもしていました。アナウンサー受験者同士でも、ライバルや敵という存在ではなく、「ギブ・アンド・テイク」といった感じで、一緒に頑張れました。

――アナウンサー受験で大切なことはどんなことでしょう。

私ができていたかどうかはわかりません。精神論になってしまいますが、できない言い訳をいかに排除するかということではないかと思います。容姿や学歴、地方在住などを気にする人は多いですし、私は大阪出身なので関西弁が気になっていました。でも、これらは言っても仕方がないことなんですね。「ミス○○がいるから無理だ」というのは言い訳です。確かに、「ミス○○」は通りやすい人たちなのかもしれませんが、自分が受かればいいだけです。地方在住なのがいやだと大学一年生のときに気づき、東京の大学を受け直した人もいます。いまからできることは何か、自分の武器は何かを考えるのがいいと思います。

――Fさんの武器は何でしたか？

私はフリートークでした。関西弁の克服も何とかできていたので、ニュースを読んだりするアナウンスメントにもあまり苦手意識はありませんでした。ただ、エピソードをあまり持っていませんでした。

――最後に、アナウンサーを目指す大学生にメッセージをお願いします。

自己PRは早めに完成させておいたほうがいいです。早めにできていれば、成果が上がりやすいからです。そのうえで、やりたい仕事を突き詰めてほしい。テレビに出て、そして「自分の言葉で伝えたい」のであれば記者でもいいですし、バラエティーの司会であればタレントでもできます。むしろ、やりたいことは記者やディレクターのほうが実現の可能性が高いです。なぜアナウンサーになりたいのか、なぜアナウンサーとしてラジオやテレビに出ないといけないのかを考える必要があると思います。

次に、なぜその局がいいのかという点です。系列やエリア、番組にこだわった企業研究をなるべく早く始めてほしい。採用担当者は、受験者がほかの局も受けていることを知っています。採用担当者が知りたいのは、「どうしてウチの会社なの？」ということなんです。「何となく受けているのではありません」ということをわかってもらうためにも企業研究を頑張ってほしいですね。

7 NHK大阪放送局 Gさん

――アナウンサーになろうと思ったきっかけを教えてください。

小学一年生のときにフジテレビの『めざましテレビ』を見たのがきっかけです。八木亜希子さんがメインで、小島奈津子さんがリポーターをされている頃ですが、パン屋さんから中継しているのを見て、いいなあと思ったんです。よく小島奈津子さんのまねをしていました（笑）。そして親から「この仕事がアナウンサーなんだ」と聞いたんです。

――それからブレることなく、アナウンサーを目指してきたのですか？

アナウンサーは「暫定一位」の位置に置いていました。そのうち、伝える仕事が魅力的だという憧れが強くなり、難しい目標なら達成してしまいたいと考えるようになりました。アナウンサーのなかでも、ニュースキャスターになりたかったです。

――大学受験はいかがでしたか？

アナウンサーになりたかったとはいえ、マスメディア学科のような専攻にはあまり興味がなかったんです。アナウンサーの次になりたい職業が臨床心理士だったので、心理学科を選びました。アナウンサーにしろ臨床心理士にしろ、自分のはたらきかけで、相手の人が元気になったり楽しくなったりするのではないかと思ったんです。高校生にとってもわかりやすい仕事ですしね。テレビで医療現場のドキュメンタリー番組を見ることも好きでしたし、患者を精神的な面で支える臨床心理士の仕事もよかったです。

――Gさんはどんなアルバイトをしていましたか？

心理学科の先生の紹介で、精神科のクリニックでアルバイトをしていました。医療事務や受付の仕事をしていましたが、患者さんとのコミュニケーションは勉強になりました。全く知らない世界を知ることができました。発達障害やうつ病についての知識も増えましたし、ゼロがイチになった感じです。放送局に入って、そういった医療を取材するにあたっても、イチを知っているからこそ、より多くの勉強が必要なんだという覚悟ができました。

――ほかに経験したアルバイトはありますか？

個別指導塾の講師です。どうしたら興味を持って取り組んでくれるか、内容を記憶に残してもらえるかを常に考えていました。プリントを作るにしても、どんな文章にするのか、授業でどう話すのか、どんな小道具を使うのかなど、伝え方の工夫をするようにしていました。仕事を始めてからも、どんなことを付け加えるかで、どうすればわかってもらえるのかを考えなければいけませんから、アルバイトでの経験は役に立っています。

――大学生になって、アナウンサー試験への準備をどんなふうに始めたのですか？

二年生の六月からフジテレビのアナトレ（アナウンストレーニング講座）に通いました。大阪からだったので交通費が大変で、アルバイト代はほとんどが交通費に消えました。ここで発声を初めて習ったんです。それから今宮戎神社の福娘に選ばれました。このとき一緒だった一学年上の人から梅田のスクールを勧めてもらい、三年生になったときに入校しました。私は好奇心が旺盛というわけではなく、小さい頃は同じ本を繰り返し読むような子どもだったのですが、アナウンサーを目標にしてからは美術館に行くようになったり、いろいろなタイプの本を読むようになりました。アナウンサーを目指したことで視野が広がったので、相乗効果が得られました。

――就職活動はどのように始まりましたか？

三年生の十月と十一月にキー局の試験がありましたが、どこもすぐに落ちてしまったんです。その年、在阪局は読売テレビ放送だけで、ここに落ちたあとはどこも受けずにいました。大阪を離れる決心がつかなかったからです。かといって、在阪局の総合職試験も受けず、大学院を受験して心理学を深めようと思っていました。

――それがどうして再びアナウンサー受験を始めたのですか？

アナトレの事務局の人がフジテレビの系列局のアナウンサー試験を受けませんかと声をかけてくださったからです。私が二年生で、しかも大阪から通っていたので、覚えていてくださったんですね。存在を認められたようでうれしかったですし、ほかの職業に就いたとしても、「もしアナウンサーだったら、どうしていただろう」と考えてしまいそうな気がして、チャレンジすることにしました。

――どのような流れで内定まで進みましたか？

フジテレビ系列のローカル局を三社、受験しました。最初の二社は途中で終わってしまったのですが、福井テレビから内定をもらうことができました。四年生の四月の終わりの時期でした。尾川先生に作文と面接のレッスンをしていただきましたが、福井テレビでは準備してきたことがそのまま生かせました。真面目に対策をしてきてよかったと思っています。

――就職活動を振り返ってみて、いかがですか？

ぶれない考えがあり、自分に芯があることが大事だと思いました。これがあれば、面接でとっぴなことを聞かれても慌てずにすみます。基礎を固めておけば、本番の面接ではリラックスして臨めます。

――入社してからの仕事について教えてください。

四月に入社し、五月までは局内で上司から研修を受けました。同期のアナウンサーは男性が一人いました。上司からは「スクールで習ったことは忘れろ。地方局のアナウンサーとして大事なことを教える」と言われていました。一日中、「あえいうえおあお」や「あー」といった発声練習をしていました。声が出なくなったこともありましたが、仕事として発声練習できることがありがたかったです。研修の途中にフジテレビでの研修が一カ月ありました。系列局の同期と支え合いながら、明るく楽しく練習に励みました。一方で、会社員でもあるので、イベントの現場で机を拭いたりもしていました。アナウンサーも会社員なんだなあと実感しました。

――いわゆる初泣き（アナウンサーとしてラジオやテレビに初めて出演すること）はいつでしたか？

六月中旬でした。夜の九時前と朝の六時過ぎのローカルニュース、日付が変わる前のショットニュースを同期の男性と交代しながら担当したんです。そして、七月から『スーパーニュース』の天気予報を担当することになりました。すでに気象予報士の勉強も始めていたので、「天気に詳しいし、よく勉強している」ということで決まったようです。これが三年後の『スーパーニュース』のキャスターへとつながったと思っています。一年目は、天気予報のほかは定時ニュースと日々の取材が中心でした。

――二年目の仕事はいかがでしたか？

制作の仕事をするようになり、バラエティー番組に出演していました。週末のお出かけ情報を担当していたので、週に一回のロケ、週に一回のスタジオ出演があったんです。話題のお出かけスポットでのロケは楽しいはずなのですが、当時はどんな言葉でどうリポートをしようか考えるのに精いっぱいで、なかなか楽しむ余裕はありませんでした。担当のディレクターが言葉の選び方や表現についてとても熱心に教えてくださり、そこで学んだ表現がいまに生きていると強く感じます。残りの日は、報道の取材やイベントの司会などをしていました。

――三年目では変化がありましたか？

報道の仕事に戻りました。ニュースの取材が多くなって、教育記者クラブのメンバーにもなりました。五分程度での企画ものが増え、教育のほか、専攻していた心理学の知識を生かせる医療分野にも興味を持っていました。一方で、番組出演は『スーパーニュース』の天気予報程度になったので、テレビへの露出時間は減りました。

――四年目でキャスター就任ですか？

男性の先輩アナウンサーとともに、『スーパーニュース』のメインキャスターになりました。取材には引き続き行っていて、教育記者クラブのキャップにもなりました。いま、ＮＨＫでこの話をすると、「四年目でキャップになれるんだ」と驚かれます。また、気象分野に関しても取材のネタ上げをするようになり、天気と教育は責任を持って、デスクとの会議などに臨んでいました。五年目も同様で、五年目の最後まで福井テレビにいて、転職したんです。

――転職のきっかけはどんなことでしたか？

教育担当として取材し、発信するなかで、大阪を意識していたところが大きかったんです。福井県は学力日本一といわれ、ほかの都道府県がお手本にしています。逆に、大阪の教育面は課題が多いです。私は、福井の教育について調べるときにいつも大阪と比較して、大阪のことも調べていたんです。福井のことを知るために大阪を調べていたのが、いつの間にか大阪が気になるようになりました。大阪の教育について書かれた本も多く読んだので、著者の方々に会ってみたいとも思ったんです。福井テレビは地元出身の社員が多く、そういった社員は家族も福井に住んでいます。そのせいか、「地元をよりよくしよう」というモチベーションがはたらきやすいんですね。福井を思う気持ちと仕事の方向性が一致しているんです。私も福井のためにという思いで仕事に取り組んでいましたが、地元の方の「福井のために」という言葉の説得力にはかなわないなと少し悔しく感じていて、地元である大阪の未来のために何ができるのかを考えました。

――転職にあたって、迷いはありませんでしたか?

ニュースキャスターになりたくてなったわけなので、楽しさもわかってきた時期だったからこそ、迷いもありました。そんなときに、祖母が病気で倒れたんです。そこで、自分が輝ける場所がありながら、家族と過ごす時間がほしいと思いました。福井での仕事よりも、「大阪で伝えたいことがあることプラス家族と過ごすこと」の気持ちのほうが上回りました。

――NHK大阪放送局ではどんな仕事をしていきましたか?

最初は夕方のニュース番組のリポーターを務めました。月に一回から二回、自分でネタを企画して放送します。八尾市の小学校が統廃合されて新しい小学校ができたというニュースを取材したこともあります。新しい校歌や校章をどう決めたのか、通学路の安全をどう確保するのかなど、真面目な内容に加え、ちょっとしたトリビアも交ぜて企画しました。撮影に行くまでに、何度も技術スタッフと打ち合わせをする必要がありました。取材のウエートが高いので、アナウンサーというよりも報道記者に近い仕事ですが、報道の上司も面倒を見てくださるので、とても勉強になっています。現在は、気象予報士の資格を生かして、朝の番組で気象キャスターをしています。番組内ではニュースも読むことができて、これまでの経験がすべて生かせるように、毎日精いっぱい務めています。

——アナウンサーを目指す大学生に伝えたいことはありますか?

面接官は大人ですから、大学生のうちに大人と話す経験を持ちましょう。社会人に対し、等身大の自分で、自信を持って議論する経験があると、自分の振る舞い方をわかったうえで面接に臨めるので、気負いすぎることがなくなります。最初はお父さんやお母さんとでもいいので、しっかり話してみてほしい。アルバイト先でも雇ってくださっている人と積極的にコミュニケーションをとるといいと思います。

——取材で会う人もほとんどが大人ですもんね。

社会的な地位が高い方々にもお会いする仕事ですが、調べるべきことを調べたうえで取材にうかがえば、わからないことを尋ねるのは恥ずかしいことではありません。人に会うのが楽しいと思えてからは、仕事が楽しくなってきます。

――最後に、メッセージをお願いします。

私はもともと話すことが得意ではなく、気持ちや思いを伝えることも苦手でした。だからこそ、早くから練習を積み重ねてきました。さらに、アナウンサーの仕事は「話す」ことよりも「聞く」ことだと思っています。向いていないと、早々と諦めないでください。キー局の試験に落ちた時点でアナウンサー受験をやめるのはもったいない。アナウンサーの志望者にはミスコンテストの入賞者や読者モデルの経験者が少なからずいて、確かに受験の場では輝いてみえますが、地道な努力をしてきた人のほうが多く内定していると思います。とりあえず、アナウンサーになれば、その先にはいろいろな選択肢があります。採用試験に挑戦し続ける精神力が大事です。「なってみたい」と思った自分の気持ちを大切に頑張ってください。

8 NHKのある放送局　Hさん

――Hさんは子役の経験があるんですよね。

姉が子役をしていたので、私も現場で見ているうちに子役をすることになったんです。ドラマに出たり、百貨店の広告のモデルをしたりしていました。私にとってはこれが初めての「労働」だったので、働くといえば、オフィスのような場所ではなく、「現場」なのだというイメージが残りました。

――いつまで続けたのですか？

小学生までです。中学では高校受験に備えて、わりと真面目に勉強していました。高校生活も、勉強したり部活動をしたりと、普通の高校生でしたが、三年生のときに芸能プロダクションのアミューズのオーディションを受けたところ、ファイナルまで進んだんです。それで、アミューズの株主総会の生中継に出たりするうちに、子役をしていた頃の感覚が戻ってきて、芸能界に進みたいと思うようになりました。

――そこでプロダクションに所属したんですね。

その頃はアナウンサーよりも芸能人になりたかったので、大学入学とほぼ同じ時期にプロダクションに入りました。芸能界寄りのプロダクションでしたが、アナウンサーも所属していたので、原稿読みを学べたのはよかったです。仕事を得るためのオーディションは厳しく、泣かされたこともあります。撮影モデルの仕事もしていましたが、苦手意識がありました。

――芸能界から離れて、就職活動をしたのはなぜですか？

大学生活と並行して芸能界の仕事をしていたのですが、卒業後にこの仕事だけでご飯を食べていくのは大変だとわかったからです。就職するなら、表に出ずに、でも華やかなところがいいと思い、広告代理店を受験しました。大学三年生の三月にＩＴ系の広告代理店から内定をもらいましたが、「テレビに強い広告代理店ならまだしも、私がしたいのはこういう仕事なのかな」という疑問がつきまとい、四年生の十月に内定を辞退しました。その頃は自分の生き方に悩んでいました。

――私が主宰しているアプローズキャリアに来たのもそのタイミングでしたね。

悩みながらも、アナウンサーになろうと決めていたんです。でも滑舌が悪いことがコンプレックスで、尾川先生に相談しました。そうすると、「アナウンスメントは習い事と一緒だから。誰でも最初はできないのよ」と言われ、一筋の光が見えたのを覚えています（笑）。

――それからアナウンサー受験を始めましたね。

四年生の秋でしたから、それほど募集もありませんでした。そこで、今後のアナウンサー受験に少しでもプラスになる職種を選ぼうと思い、自動車メーカーのショールームを受験しました。書類審査後、二回の面接がありましたが、すぐに内定をもらい、九月に入社しました。ショールームでは司会の仕事もありますし、プレス発表の際にはマスメディアの方々もいらっしゃるので、放送局に近い感覚で仕事ができたのは楽しかったです。

――アナウンサー受験を再開したのはいつですか？

半年後ぐらいです。アプローズキャリアにまた通って、原稿読みのレッスンや作文の添削を受けました。そして、栃木県のケーブルテレビ局から内定をもらいました。

――ケーブルテレビ局ではどんな仕事をしたのですか？

アナウンサーの仕事は週に一日で、ニュースの原稿を読んでいました。そのほかの日は、記者として取材したり、編集したり、カメラマンをしたりなどです。このときの経験はいまとても役に立っています。ただ、私としては制作よりもアナウンスに特化した仕事をしたいと思ったので、ＮＨＫのローカル局に絞ってアナウンサー受験をすることにしました。

――いまの放送局の受験の流れを教えてください。

既卒だったので、ＮＨＫのローカル局がいちばん可能性が高いと思って、いまの局のほかにも二局ほど応募しました。いまの放送局では最初は履歴書とスナップ写真の書類審査でした。同時に、「この放送局で伝えたいこと」という四百字の作文の提出もありました。

――面接はどんな雰囲気でしたか？

いい雰囲気でした。志望者一人に対して、面接官が十人ほどいました。それから一階のスタジオに行き、プロンプターを使って、カメラに向かってニュースを読みます。ニュースは一分程度のものが二本あり、一本は硬め、もう一本が軟らかめの内容でした。一分の自己ＰＲもありましたが、時計が見えている状態でしたので、話しやすかったです。私は好奇心旺盛であることをＰＲし、エピソードとして海外旅行の話をしました。最後に「〇〇県に縁はありませんが、どこにでも取材に行きたいです」と言ったことを覚えています。

――筆記試験もありましたか?

漢字の試験では○○県の地名などが出されました。そのほかは一般的な内容で、ことわざや四字熟語といった出題でした。

――面接ではどんなことを聞かれたのですか?

私がスタジオでニュースや自己PRをしていたのを面接官がモニターしていて、その部屋に呼ばれました。ケーブルテレビ局での仕事の話、学生時代の話が中心でした。私はサ行の発音が苦手なのですが、その指摘もありましたね。でも、「自覚があるなら、いいよ」と言われ、優しい方たちだなと思いました。ここで働きたいという気持ちも強くなりました。私自身もワントーン低めの声で、落ち着いて話せました。

――合格を告げられたときの気持ちはいかがでしたか?

うれしかったです。二十四歳でしたし、「決めるなら今年だ」と思っていたんです。ようやくスタートラインに立てるんだという気持ちでいっぱいでした。

――入局後の研修はどんな内容でしたか?

最初は研修らしい研修はなく、ＦＭニュースなど、すぐに担当する業務の見学をしました。先輩方から手取り足取りという感じもなく、自分から「見学させてください」と言って、お願いしていました。ケーブルテレビ局では手取り足取りでしたので、そのおかげでカメラや編集がある程度できるようになっていたのはよかったです。私は機械系に強いほうではないのですが、毎日二、三本は編集していましたから、慣れてはいたんです。ＮＨＫでは機材が異なりますが、早々に慣れることができました。入局後三週間ぐらいして、世田谷区砧にあるＮＨＫの研修所での研修を四日間、受けました。

――それはどんな内容でしたか？

中継やアナウンスメントが中心で、メイクやカラーコーディネートの研修もありました。メイクは化粧品メーカーの方が来て、教えてくれましたね。カラーコーディネートの研修では、私はオータムと診断されたので、化粧品を選ぶ際の参考にしています。中継の研修は毎年の恒例になっているそうで、砧の遊歩道で春の訪れを探すというものでした。私は花について話しましたが、あとから言葉の選び方や話の構成の仕方をアドバイスされました。アナウンスメントはニュースセンターの方が講師です。毎回、違う講師が来られ、最終日に録画をして、講評を受けました。ニュースリードの読み方など、とても役立つ内容でした。

――それからいまの放送局での仕事が本格的に始まったのですね。

ラジオニュースやテレビの番組です。私はリポーターも務めているので、週に一回は企画を出さなければいけません。カルチャー、スポーツ、お出かけといった内容です。お出かけ情報の番組に出ることもあります。また、『おはよう日本』のなかの「755」という枠は「朝の連続テレビ小説」の前だけに視聴率が高く、ミスできない緊張感がありました。ここではニュースを一分半、その日の県内の流れを三項目、また交通情報を読みます。そして、天気カメラから入り、天気図を見ながらの天気予報を読みます。

——FMラジオにも出ているのですか？

昼の十一時五十分から五十九分までの枠を担当しています。内容は交通情報、気象情報、県内のイベントのお知らせです。気象情報や県内のイベントに関しては尺に合わせて、自分で原稿を作っています。それが終わったら、十二時十五分から二十分までニュースと気象情報です。夕方は十八時五十分から五十九分まで、ニュース、交通情報、気象情報を伝えています。

——仕事のどんなことが楽しいですか？

いろいろなことができることでしょうか。中継企画もあり、また番組の企画もできます。これは月に一回の土曜日に県出身の有名な方をお招きするもので、そのアシスタントを務めています。ほかの局ではアナウンサーの仕事は上司から割り振られるだけとも聞きますが、いまの放送局では「やってみたい」と言えば、経験させてもらえることが多いです。上司も今後の目標をよく尋ねてくれるので、私も自分がしたいことを積極的に話すようにしています。

――アナウンサーを目指す大学生にアドバイスをお願いします。

気になったことは経験する。特にアルバイトは面接での大きなトピックになりますので、話すネタを増やす意味でもしておいたほうがいいです。私が後悔しているのはゼミナールですね。経営学部でしたが、選んだゼミナールがあまり「研究」を打ち出しているところではなかったので、「学生時代に打ち込んだ学業」という質問では苦戦しました。アルバイトネタと並んで、学業についての話も大事ですので、ゼミナール選びには注意したほうがいいと思います。

それから、第一印象で誤解されやすいタイプの人がいます。例えば、面接官が最初に「この学生は遊び人だ」というイメージを持ってしまったら、短い面接時間のなかでそのイメージを覆すのは大変です。遊び人というイメージを持たれやすい人は学業でのエピソードを充実させるなど、ギャップのあるところをアピールするといいです。

学生時代には自分が写っている写真を撮影しておくこともお勧めします。アナウンサー受験では、スナップ写真を何枚も貼らなくてはいけませんが、ワンショットでの写真は意外にないものです。意識的にワンショットでのスナップ写真を撮影しておくとあとで困らなくてすみます。私の場合は、「あった」と思ったらお酒を持っていたりして、写真選びに苦労しました（笑）。

9 元埼玉県のケーブルテレビ局 Iさん

――Iさんはタレント出身なんですよね。

高校時代に高校の最寄り駅で事務所の女性スタッフにスカウトされたんです。その事務所は地元では規模が大きいほうで、タレントのほか、モデルやフリーアナウンサーもいるようなところでした。「こういう仕事に興味ない？」と声をかけてもらったのですが、その頃の私はそんな仕事には縁がないものと思い込んでいたので、スカウトされたことが単純にうれしかったんです。両親に相談したうえで、自分にできそうな仕事から始めてみることにしました。

――高校時代はどんな活動をしたのですか？

仕事をもらえるようになるまではレッスン中心です。レッスンを受けながら、少しずつ応募書類を出したり、オーディションに参加するようになりました。最初の仕事はテレビコマーシャルのエキストラだったと思います。それからテレビコマーシャルにメインで出たり、ウェブの広告モデルをしたりしました。どの仕事も楽しかったです。高校生ですし、本業というよりはアルバイト感覚でした。通っていた高校はアルバイトを認めていたので、タレント活動にも支障はありませんでした。

――アナウンサーに興味を持ち始めたのはなぜですか?

タレント活動をするうちに、自分をよく見つめてみたんです。私にはそこまでタレント性がなく、自分を出していくことに不安がありました。自分を売り出したいというよりも、伝える側に立ちたいと思ったのがきっかけで、アナウンサーのほうがいいなと考えました。そこで、地元の専門学校に進学することにしました。

――大学ではなく、専門学校を選んだんですね。

アナウンサーになるためには四年制大学を卒業しなければいけないことはわかっていました。そこで、三年次に編入しようと考えたんです。そのため、短期大学が併設されている専門学校にしました。専門学校でアナウンスのスキルを身につけたうえで四年制大学に編入したかったんです。

――専門学校ではどんなことを勉強したのですか?

芸能系の専門学校だったので、現役アナウンサーによるアナウンスの授業のほかに、歌や演技の授業もありました。また、併設の短大では経営学、心理学、ホスピタリティーなどの科目を幅広く勉強していました。このときはまだタレント活動もしていたので、テレビコマーシャルなどにも出演していました。

――編入にあたって、どんな準備をしましたか?

二年生になってから、小論文と面接対策を始めました。編入したい学生が多い専門学校だったので、編入対策の授業があり、先生方も指導には慣れていらっしゃるようでした。ここで小論文を勉強できたことは放送局受験でも役に立ちました。大学では観光学を勉強したかったので、観光学の講座がある大学に絞って受験しました。最初に受けたところに手応えがあり、無事に合格したので、そのまま編入することにしました。

――編入直後から就職活動を始めたのですか?

三年次に編入なので、そうなります。最初は写真の撮影をしたりしていました。また、アナウンサー受験を考え、大学のミスコンテストにも出場しました。

――ミスコンテストはいかがでしたか?

編入してすぐはまだ友達が多いわけではないので不利だろうし、結果には期待していなかったです。いい経験になればいいなぐらいの軽い気持ちでしたが、友達も応援してくれたりして、準ミスに選ばれました。ここで披露したバルーンアートは就職活動にも使えました。エントリーシートに特技を書く欄があるときはバルーンアートと書いていました。人と少し違う特技は目立つのかなと思ったのですが、面接で「バルーンアートって、何?」などと突っ込まれたことはありません(笑)。

――アナウンサー受験を本格的に始めたのはいつですか？

三年生の秋です。最初はエントリーシートの対策から始めました。

――写真はどのように準備しましたか？

ネットで調べて、UNITED原宿Gスタジオに行きました。電話をしたら、カウンセリングをされているような感じを受けました。屋外でのスナップや証明写真も撮っていただきました。それから、スーツ着用の写真は千駄木のスタジオディーバで撮りました。どちらもよかったです。

――Iさんはスナップ写真も豊富に用意していましたよね。

デジタル一眼レフを持っている友達が多く、よく撮ってもらっていました。なかでも日本大学芸術学部の写真学科に行っている友達がいて、セミプロのような活動をしていたので、お金を払って撮ってもらいました。友達だと私のこともわかってくれているし、私もイメージを伝えやすかったです。

――筆記試験対策はどうしましたか？

新聞を必ず読むようにしていました。また、尾川先生に勧めていただいた『速攻の時事』（実務教育出版）を読みました。『速攻の時事』は公務員試験対策用のテキストではありますが、放送局の時事対策にも効果があったと思います。NHKの筆記はハードですし、勉強は必要です。

――Iさんはほかの企業も積極的に受験しましたよね。

アパレル会社や証券会社、不動産会社など、受験したところからはすべて内定をもらいました。でも、私のなかではアナウンサーになることが外せなかったんです。一般企業で働いている姿をどうしてもイメージできず、一般企業では生き生きと働けなさそうな気がしていました。簡単にアナウンサーになることはできないとわかってはいましたが、ここでどうするかで今後の人生が変わってくると思い、アナウンサー受験を続けることにしました。

――ケーブルテレビ局を受験したときの採用の流れについて教えてください。

エントリーシートが通ったあとで、一次面接がありました。受験者は私だけで、面接官は二人いました。ここでは軽く自己紹介をしたあとで、初見での原稿読みがありました。原稿の分量はかなり多く、内容も難しかったです。大丈夫かなあと思っていましたが、通過の連絡がありました。二次面接は最終面接で、役員が面接官でした。「この会社でやっていきたいことはどんなことですか？」といったことを質問されましたが、雰囲気はかなり和やかでした。最終確認という感じでした。

――ケーブルテレビ局ではどんな仕事をしていましたか？

ニュースを読むことが中心で、選挙のときなどは生放送で大きな特別番組がありました。生放送にも収録にも少しずつ慣れていきました。

――アナウンサーを目指している大学生にメッセージをお願いします。

アナウンサー受験をする人は多いのでいろいろな方がいますが、そのなかに埋もれないような、自分だけの強みを見つけて、自分らしさを大切にしてほしいです。写真にしても、自分を見つめたうえで撮るかどうかで変わってきます。自分の性格や趣味、特技を写真で表現することもできるはずです。また、面接では時事問題を尋ねられることが多いので、新聞を読む習慣もつける。当たり前のことを知っておかないといけないということを私自身も痛感しました。

学生時代は、学生だからこそできることに時間を使ってほしい。アルバイトや部活動、ボランティアといった経験からエピソードを作る人は多いようです。私はボランティアを選びましたが、ボランティアだけだと多くの人と重なってしまうと気づきました。でも、私は観光学を専攻していて、「震災後の東北地方の観光」を研究テーマにしていたので、ほかの人とは違った被災地支援をしてきました。面接では勉強とボランティアを絡めた話ができたのがよかったと思っています。アナウンサーを受験する人は自分をPRできるエピソードを探しておいたほうがいいです。学生時代は遊びすぎず、時間を有効に使ってほしいと思います。

10 オフィスキイワード　Jさん

――アナウンサーのスクールに入ったのは大学三年生のときでしたよね。

そうです。それまでは何もしていませんでした。アナウンサーという仕事がいいなと思ったのは、スポーツに関わる仕事がしたかったからです。私は野球と駅伝が大好きで、アナウンサーになれなくても、マスメディアで働ければスポーツに関わる仕事ができるだろうと考えていました。

――就職活動をどのようにスタートさせたのですか？

大学三年生の夏は特に何もしておらず、秋のＮＨＫのセミナーに参加しました。冬になって、キー局の試験が始まりましたが、スポーツに関われる局しか受けませんでした。日本テレビとテレビ朝日は早い段階で落ち、ＴＢＳはエントリーシートを手持ちした面接でしたが、それには通りました。日本テレビの総合職はたしか六次試験ぐらいまで残りました。在阪局はあまり採用がなかったのですが、朝日放送は書類も通らなかったです。

――ＮＨＫとは相性がよかったんですよね。

ＮＨＫは最終面接まで進みました。秋のセミナーでエントリーシートのアドバイスをいただけたのがよかったです。秋のセミナーにいた女子学生は十人でしたが、みんなマスメディアで働いています。私は周りからも「ＮＨＫっぽい」と言われていて、面接でも相性のよさを感じましたね。ＮＨＫは野球や駅伝はもちろん、オリンピックの中継もあるので、志望度は高かったです。ただ、ＮＨＫを受けていると、日程の関係上、新聞社の大手三社は受けられないんです。それでスポーツ新聞社を受験しましたが、最終面接で落ちてしまいました。

――NHKもスポーツ新聞社も筆記試験は難しかったでしょう。

作文はアナウンサーのスクールで練習を繰り返した程度ですが、筆記対策はそれなりに頑張りました。スポーツ新聞をよく読みましたし、「新聞ダイジェスト」も読み込みました。それから一般的なマスコミ受験用の問題集などにもあたりました。

――そこから、どうしたんですか？

マスメディア受験自体をやめてしまいました。私は病院で医療事務補佐のアルバイトをしていて、医薬品を目にする機会が多かったんです。そうした環境もあって製薬会社の名前も身近に感じられたので、製薬会社の受験を始めました。受けたところはすべて内定をもらいました。四年生の六月にそのなかから一社に絞って、ほかの会社をお断りしました。

――再びアナウンサー試験にチャレンジしたのはなぜですか？

ある県の日本テレビ系列局に内定した友達がいて、その県のテレビ朝日系列局がアナウンサーを募集していると教えてくれたんです。いわゆる秋採用です。テレビ朝日系列のローカル局は夏の高校野球の地方大会の中継があり、その会社は一回戦から中継していたので、私にはかなり魅力的でした。製薬会社の内定もありましたので、落ちたら落ちたでいいと思いながら応募することにしました。

――その放送局の受験の流れを教えてください。

エントリーシートに通過したあと、東京で一次面接を受けました。夜行バスで上京し、東京に着いてからリクルートスーツに着替えました。試験会場は銀座だったのですが、迷ってしまったんです。ピンクのリュックサックをコインロッカーに預けようと思っていたのに、コインロッカーが見当たらず、そのまま会場に持っていってしまいました。会場にいた社員のみなさんの視線が怖かったです（笑）。その後、本社での試験を受けたときに、受付の人に「きょうはピンクのリュックサックじゃないんですね」と言われたので、私の一次面接での様子は知れ渡っていたようでした。友達からも「失礼だよ」と注意されましたが、無事に通過してよかったです。一次面接の面接官はアナウンス部と人事部の部長で、和やかな雰囲気でした。ピンクのリュックサックがよかったのかもしれません。

――一次面接のあとは本社での面接だったのですか？

そうです。この時点で四人が残っていました。二次面接と筆記試験でしたが、筆記試験はそれほど難しくありませんでした。そして、カメラテストがありました。カメラテストはニュースの原稿読みのあと、一分間のフリートークがあり、私は前日に行った焼き鳥屋の話をしたんです。そうしたら、その店は面接官の行きつけのお店だったらしく、「赤ちょうちんがぶらさがっているようなお店に一人で入れるんだ」と言ってもらいました（笑）。

――それはすごい偶然ですね。

それで最終面接に進み、内定をもらいました。最終面接には社長もいましたが、社長は「一緒に働くのは報道局員なんだから、報道局で決めろ」とおっしゃったそうです。入社後、上司に「どうして私を選んでくださったんですか？」と聞いたら、「いちばん、田舎《いなか》に適応できそうだったから」とのことでした。それに、「丸顔は田舎の人に好かれる」とも聞きました。

――その放送局での仕事について聞かせてください。

ニュースを読んだり取材したり、野球や駅伝の実況をしたりと、様々な仕事をしました。後輩ができても先に会社に行って、三十分の発声練習は欠かさず、アナウンスメントがじょうずなアナウンサーのまねをして取り入れながら、上達を目指した毎日でした。スポーツコンテンツに関しては、局アナがやれるすべてのことができたと思います。夕方番組のキャスターも経験し、サッカーについても勉強できました。

――なかでも高校野球の実況は素晴らしかったですね。

高校野球の実況をしている先輩は二人いましたが、先輩方を見ていると大変そうでしたし、最初はやりたくなかったんです。でも、野球の仕事をするためにこの会社に来たんだと思い、実況にチャレンジすることにしました。先輩も「面倒を見るから、手を挙げろ」と言ってくれて、朝日放送に研修に行ったんです。自分で「研修に行かせてください」と上司にお願いしました。

――研修はいかがでしたか？

朝日放送ではセンバツの期間中、三日間の研修がありました。最初は投球に合わせて話を終えることさえできませんでした。ただ、私は女性にしては声が低めなので、実況には向いているようでした。朝日放送の方には「ほんま、アホな子やなあ。こんなに野球が好きなんやなあ」と野球愛を褒めていただきました。それからも実況のＤＶＤをその方にお持ちして、つどつどアドバイスをいただきました。

――放送局でも練習を続けたんですよね。

部長も協力的で、五時に会社を出て球場に行き、第一試合から第四試合まで実況の練習に付き合ってくれました。ありがたかったのは高校の先生方のご協力です。「実況をするんだ」と、すごく盛り上がってくださいました。練習試合の日程を教えてもらったり、実況練習に付き合ってもらったりしました。先生方は他校の試合をスタンドで観戦されることも多いので、私も横に座って、「こういうときはどうしますか？」と戦術を聞いたりもしました。

――どのぐらいの試合を実況したんですか？

入社三年目から携わり、一年で最低四試合は実況しました。五年目では準決勝も担当しました。四年目の実況では、ＡＮＮ系列のスポーツ実況部門のアナウンサー賞と最優秀新人賞を受賞しました。

「描写もできているけれど、高校野球への愛情が伝わる」という評価をいただいて、本当にうれしかったです。

――最近はスポーツアナウンサーになりたいという女子学生が増えていますよ。

好きということがいちばん大切だと思います。でも、取材相手は生活がかかっていたり、すべてを注いだりしている人ばかり。その競技の本質を勉強することも必要です。「好き！」「かっこいい！」というミーハーな気持ちではできません。なぜ取材したいのか、何を伝えたいのか、それをどうして伝えたいのか、それをしっかり考えることが大切だと思います。

――Jさんはフルマラソンも走りましたよね。

私はソフトボールをやっていたので、野球の感覚は少しあるつもりです。でも、野球と同じぐらい好きなマラソンでは選手の気持ちがわからないので、実際にフルマラソンを走ってみました。走ってみると、沿道の声援が力になること、三十キロからは本当にきついことなどがわかりました。いろいろなことを経験するといいと思います。

――Jさんは大学時代からマラソンや駅伝の中継をよく見ていましたね。

漠然と見るのではなく、その中継のいいところと悪いところを全部書き出すようにしていました。

関西テレビ放送の大阪国際女子マラソンの中継では、なぜアルフィーの曲が流れるのかといったことなども書きました（笑）。そうすると、「TBSでは平面図しかないけど、日本テレビでは高低差がわかる地図が出る」といった特徴が見えてきます。それを面接で話すと、きちんと中継を見ていると思われたようです。いい中継を提供したいという思いは放送局のみんなが共有しているものだし、見ていない人よりは見ている人と一緒に働きたいと思うので、自然とやっていました。

——フリーアナウンサーになって、いかがですか?

放送局に五年間勤めて、フリーになりました。放送局時代も楽しかったのですが、いまはより世界が広がりました。就活では縁がなかった朝日放送や毎日放送でレギュラーをいただいたり、毎日野球の取材にいけることが幸せです。書く仕事も増えてきて、幅が広がりました。

——アナウンサーを目指す大学生にメッセージをお願いします。

準キー局の採用担当者にうかがったことがあるのですが、一次面接では一緒に働きたいかどうかを見ているそうです。アナウンスメントの技術はあとからどうにでもなるので、人間性重視だともおっしゃっていました。私からアドバイスするとしたら、その放送局でやりたいことを明確にすること、自分の意見をきちんと話すこと、そして自分の情熱をそのまま伝えることです。頑張ってください。

第4章 実際の放送局の現場について

1 放送現場とはこんなところ

スタジオ

番組の収録や生放送をおこなう場所です。スタジオの大きさは様々で、それによってカメラや照明などの機材の数も変わってきます。アナウンサーは、スタジオでニュースの原稿を読んだり、番組の進行をしたりします。スタジオのそばにはメイク室や打ち合わせスペースなどがあります。また、スタジオの上にはサブと呼ばれる部屋があります。

ロケ

スタジオ以外の場所で収録することをロケといいます。私が勤務していた熊本放送では「取材」ということが多かったですが……。これが生放送になると、「中継」といいます。

スタジオの思い出

私は入社半年後の十月から『キャッチてれび』という番組を担当することになりました。これはパブリシティーの番組で、男性の先輩アナウンサーと二人で進行していきます。先輩アナウンサーは最初は原武博之さん、途中から本章第3節「現役アナウンサーに聞いてみました――アナウンサーの「やりがい」とは」で登場する木村和也さんでした。金曜日の朝の三十分（ときには四十五分）の生放送で、担当すると決まったときから緊張しました。生放送は、定時ニュースでは少し経験したことがあったものの、ニュースは小さな報道スタジオだし、カメラも無人カメラなので、大きなスタジオとは勝手が全く違います。朝は何時にスタジオに行けばいいのか、前日にはどのような打ち合わせがあるのか、何もわかっていませんでした。商品やイベントを紹介する原稿読みは研修のときに習ってはいましたが、この仕事が決まってから、さらに練習を重ねました。パブリシティーの原稿には目立たせなければいけない箇所があり、ニュースを読むのとは全く違います。抑揚のつけ方、間《ま》のとり方などは本当に難しかったです。電話番号を読み上げる機会も多く、「フリーダイヤル０１２０…」という練習も何度もしました。ちなみに、○は「ゼロ」と読む人が多いようですが、ゼロは日本語ではないので「レイ」と発音します。これにも最初はなかなか慣れませんでした。

パブリシティーの番組なので、スタジオに来て、私の横に座る方々はスポンサーのみなさまです。この番組のＭＣを担当すると決まったときに、ディレクターから「僕の後ろには何十人の営業マンがいると思ってね」と言われ、緊張感が倍増するようでした。

スタジオに入ると、カメラが三台と天井から下がっているクレーンカメラが一台あり、三台のカメラには一人ずつカメラマンがついていました。そして、大道具や小道具をセットする会社のスタッフ、照明を調節する会社のスタッフ、メイク担当の美容師の先生など、社外の方々もいらっしゃいました。サブと呼ばれる部屋には音声、スイッチャー、VEと呼ばれる技術の社員がいて、こんなに大勢の前で原稿を読んだりトークをしたりしなくてはいけないのかと思いました。

三十分だと出演するお客さまは二組ぐらいですが、一組のお客さまにはスポンサーや広告代理店の方々、熊本放送の営業社員など、大勢の「お付き」の人がいます。サブの人たちを合わせると五十人ぐらいはスタジオにいたので、本当に緊張しました。

でも番組が始まってみると、スポンサーの方々と一緒に新商品やイベントの紹介をするのは面白く、映画紹介コーナーのために試写会に出かけるのも楽しみでした。学生時代もそれなりに映画を観ることが好きでしたが、この番組を経験したことで、映画の面白さや深さを知ることができるようになったと思います。いまも映画鑑賞が趣味の一つだといえるのはこの番組のおかげです。

女性ということもあって、化粧品メーカーや下着メーカー、アパレルショップの方々にはよくしていただきました。化粧品メーカーが主催するメイクアップ講習会に生徒として参加したこともあり、テレビCMに出演したことも思い出に残っています。テレビCMの撮影現場は外部のスタジオでしたが、放送局とは雰囲気が違っていて新鮮でした。撮影で動くたびにスタイリストが飛んできて、私の髪や服装を整えてくださることに驚きました。また、この番組には衣装提供があったのですが、最初に提供いただいた会社の経営状態が悪くなってしまったときに、すぐに別の会社が助けてくださいました。その会社はほかの番組でもお世話になっていて、社員の方にも知り合いが多く、プライベートでもよく買い物をしていました。毎週、番組のアシスタントが借りにいくのですが、どんな衣装が届くのか楽しみでした。

余談ですが、こちらの会社には服飾の専門学校を卒業した社員がいて、いわゆるピン打ちの技術がまさしくプロフェッショナルでした。フリーマーケットでたまたま見つけた古めかしいチャイナドレスを職人技でよみがえらせてくれたので、それを同期の結婚式で着ました。お店の方とのこういうお付き合いができるのも、ローカル局のアナウンサーになってよかったことの一つです。

2 放送局で働くということ

ディレクター

ローカル局のディレクターとして働いている方に話をうかがいました。

――ディレクターの仕事内容を教えてください。

ローカル局の場合、番組企画の段階から、取材先の選定・交渉、取材、編集まですべて担当します。最近では機材の小型化や性能の向上によって、撮影を自らおこなうことも多くなりました。

——ディレクターの仕事の魅力や難しさはどんなところにありますか？

ローカル局の場合、プロデューサーのチェックはありますが、先ほどもいったように、すべてを一人でおこない、それがそのまま放送されることが魅力です。逆に、個人の力量やセンスにかかってくるので、難しい部分でもあります。

——スポーツ中継の魅力や難しさもお聞かせください。

スポーツ中継の場合、複数のカメラで同時に撮っているものを自身の判断で映像を切り替えていくことができます。いま、何を見せるべきか、伝えるべきか、その判断の結果が放送として流れます。ディレクターの手腕によって視聴者に届くものは大きく違ってくるので、そこが魅力であり、難しさでもあります。

——どういう人がディレクターに向いていますか？

まずはテレビが好きなことです。天才でもないかぎり、普段からテレビが好きな人でないと、やっていて楽しくないだろうし、人よりもいい仕事はできません。そして、趣味が仕事に生かせる人です。例えばスポーツ中継を担当するなら、その競技についての知識が必要になります。仕事のなかだけでその知識を身につけるには時間がかかるので、プライベートでも興味があれば、あとはディレクターとしてのノウハウを身につけるだけです。

——ディレクターとしてアナウンサーと一緒に働く場面でアナウンサーに望むことはどのようなことですか?

番組の種別によって異なりますが、フリートークが許される番組やスポーツ中継では、ボキャブラリーを含めた表現力です。

——アナウンサーの採用試験で見ていることはどのようなことですか?

将来的に「一芸に秀でる」可能性があるかどうかです。一方、局側の事情でいえば、在籍するアナウンサーにないものを持っているかどうかも大事な観点です。例えば、重厚なナレーションができる人材がいない場合、それができそうな人材の採用を希望します。

——今後のローカル局の展望をお聞かせください。

経営的には厳しい状況になりますが、制作現場としてはプロとして、視聴者の話題になるようなものを作っていきたいと考えています。

技術職

熊本放送の技術職として働いている方にお話をうかがいました。

――放送局の技術職は社内では「技術さん」と呼ばれていますが、どういった仕事内容なのでしょうか。

大きく分けると、管理、システム、制作技術です。管理は、送信所やサテライト局の送信を管理します。システムは、社内の無線ＬＡＮのメンテナンスや番組進行を管理するＡＰＣのプログラム更新などです。制作技術は、制作や報道のカメラマン、音声などが主な仕事です。

――放送局を技術職で受験したい場合、資格は必要ですか？

あると有利な資格は無線技術士です。なかでも一技、第一級陸上無線技術士というもので、これを持っていると、面接でもひとつ上の評価をもらえます。放送局内で技術職員として働きたいのであれば、一技があるといいですね。これは国家試験で、年に二回おこなわれます。私も学生時代に取得しました。

――カメラマンには資格は必要ないんですよね。

カメラマンの仕事に資格は必要ありません。最近はキー局はもちろん、ローカル局もプロダクションに外注することが多くなっています。

――技術職として働くなかでのやりがいはどんなところにありますか？

やはり番組制作に携われるのが面白い。取材したものが一つの番組になっていく流れを体験できます。ほかにもアナログがデジタルに変わったり、それが4K、8Kになっていくように、新しいシステムに出合えることや中継車を設計したりすることも楽しいです。

――取材に行く機会も多いですよね。

なかなかお会いすることができない一流の人や、一般的には知られていないけれども、「すごい」と思える方に会えるのがいいですね。会社のお金でいろいろなところに行きましたよ。四十七都道府県で行っていないところはあと二、三県ではないでしょうか。また、アメリカ軍基地のなかなど、放送局の社員でなければ入ることができない場所にも入れます。技術職はきつい仕事も多いのですが、このような楽しみを見つけることで頑張れます。

――体力的にはやはりきついですか?

七キロ、八キロのカメラや機材を背負って山に登ったりするのは確かにきついです。体力的なきつさ以外でも、カメラマンとして一つの番組を成立させるために、つまり映像がつながるための映像を撮らなければいけないところに「生みの苦しみ」があります。一見、華やかなようですが、台風中継もありますし、大雨でドロドロになったケーブルを片付けたりといったこともあります。

――面接官としては、どんな受験者がいいですか?

明るい人、物事をはっきりとハキハキ話す人、元気がいい人、そして、この人と一緒に仕事をしたいと思える人です。同じところで同じ仕事ができるかどうかは大事な観点です。しかし、いくら感じがよくても、筆記試験での結果がよくないのは問題です。ただ、筆記試験の出来がいまひとつでも、第一印象がよければ挽回できるかもしれません。制作技術の場合は、スポーツ経験があって、体力があるのはPRポイントになります。部活動で上下関係にもまれてきた人は、家でパソコンばかり見ていた人よりもいいかもしれません。放送局はチームでの仕事が前提なので、チームワークできる人という意味でチームスポーツ経験者はいいと思います。

――最近の採用状況はいかがですか？

二、三年に一人の採用をしています。技術職全体で十五人体制を維持しようと考えています。

――総合職の採用試験ではどういうところを見ていますか？

集団討論を課しているので、リーダーシップがあるか、周りの意見をよく聞いているか、自分の意見を言えるか、人に流されるタイプではないかなど、チェックシートで評価しています。面接試験では「よそゆき」な話し方ができる人でも、集団討論になると雰囲気が違うこともあって、面白いです。

――アナウンサーの採用試験に立ち会うこともありますか？

カメラテストのときにカメラマンを務めたりしています。アナウンサー志望者は同じニュース原稿を渡され、控室で下読みをします。それからテレビスタジオに入り、一人ずつ原稿読みをします。ここで録画したものに、受験者の名前のテロップを入れて編集し、カメラテストを通過させるかどうかを担当者で話し合って決めます。話し方やビジュアル、こうした場面に慣れているかなどをチェックしています。

——技術職にとっての理想のアナウンサーとはどんな人でしょう。

気配りできる人ですね。自分が話すことだけに注意を向けていて、周囲が見えていない人はよくないと思います。そうした人には「そこに立つとじゃまだよ」と言ったりします（笑）。カメラマンは、一枚の画を作ろうとしている。普通に歩けばいいのに、そこがズレると、「同じところを通ってよ」という事態になります。また、インタビューのときにきちんと質問を考えてきている人はいいですね。棒読みでなく、自分の言葉で嚙み砕いて話していると理解しているのだと伝わります。そして、インタビューでは相手の懐に入って、相手の気持ちを解せなければいけません。いきなりインタビューしても本音を引き出すことは難しいので、友達になりながら、だんだんと本音を引き出していけるアナウンサーを見ると、うまいなと感じます。最近は、タレントもインタビューしますし、リポートもします。アナウンサーはタレントに負けない知識が求められるところです。

——スポーツ中継にはアナウンサーは欠かせない存在ですよね。

スポーツ実況はアナウンサーだけが持っている特殊能力だと思います。この技術は局のアナウンサーでないと習得できません。熊本放送もJリーグの番組を持っているので、実況は必須です。

――スポーツ中継でアナウンサーはどうあるべきですか?

ラジオ中継とテレビ中継では全く違います。ラジオ中継では、見えていないところをどうフォローするか、テレビ中継では見えているところは「画で見せる」「ノイズや歓声を聞かせる」ことが大切です。要は喋りすぎないということです。こうしたときに喋りすぎないでいこうと察知できるアナウンサーはいいなと思います。

――熊本放送は駅伝やマラソンの中継が多いですよね。

RKK女子駅伝や熊本城マラソンなど、年間七本ぐらい制作しています。中継車ではワンショットを撮りやすいのですが、かといって、実況しながら延々と一人の選手のことを話し続けるのはよくありません。中継所では女性アナウンサーも実況しますが、誰から誰にたすきが渡ったというよりも、「たすきを渡した瞬間に倒れ込みました」といった描写がうまい人はいいですね。他局の中継を見ても、坂道の角度を説明するときにリンゴを転がした話などをするアナウンサーはうまいと感じます。球技でも名前、点数、ルールの説明は当たり前なので、話すことでの描写力をつけていくことが大事なのではないでしょうか。

――アナウンサー志望者に一言、お願いします。

テレビの場合はアナウンサーの存在が画とリンクしていなければなりません。そこはお互いに合わせていきましょう。放送局はそれぞれの専門職や部門が集まって一つの番組を作っていくわけですから、チームワークが大切です。

3 現役アナウンサーに聞いてみました
――アナウンサーの「やりがい」とは

この項目を執筆するにあたって、私が話を聞きたいと思った現役アナウンサーは熊本放送の木村和也アナウンサーでした。木村さんは私の三年上の先輩で、在職中は一緒に番組を担当したり、大変お世話になりました。木村さんはスポーツニュースのキャスター、スポーツ実況、情報番組、ニュースキャスター、ラジオのトーク番組、そして二〇一六年に起きた熊本地震での災害報道と、あらゆるジャンルに携わってきたアナウンサーです。今回は、アナウンサーを目指す人たちへ力強いメッセージを送ってくださっています。

――アナウンサーの仕事の魅力って、何でしょう。

挑戦しようという気持ちや好奇心を持てば持つほど、仕事が広がっていくことでしょう。私はアナウンサーになって二十八年ですが、最初はスポーツに興味があったので、スポーツ実況やスポーツニュースのキャスターになりました。次にラジオに興味が出てきたときは『おー！わらナイト』という夜ラジオでフリートークを経験しました。それから熊本の情報を幅広く伝えたいと思ったら、『RKKワイド夕方いちばん』のMCの仕事が来ました。そのなかで「夕方いちばんNEWS」のキャスターもしたほか、いまは『週刊山崎くん』のMCもしています。本を出版したり講演活動をしたりと、ローカル局のアナウンサーが経験できる仕事はほとんどしてきたのではないでしょうか。

――いまは『週刊山崎くん』のMCのほかにどんな番組に出演しているのですか？

『週刊山崎くん』では、番組内のVTRでリポーターを務めることもあります。また、ラジオで釣り番組を担当しています。釣りの番組に関してはレギュラーもありますし、特番もありますね。自分がしたいこととニーズが合っている感じです。待っていても、仕事は来ませんからね。二年前からはラジオの二時間半の生ワイド番組も担当しています。いまも新たな境地を開拓中です。

――アナウンサーの仕事はスポーツから始まったんですか？

小学生の頃はリトルリーグで野球をやっていて、中学、高校ではサッカーをしていたので、スポーツの仕事がしたいと面接で言っていたんです。そのためか、最初はスポーツでした。スポーツと並行して、夜はラジオの『おー！わらナイト』に出演していました。

――大学生のときはカメラマン志望だったそうですね。

大学が工学部だったので、TBSの技術職の試験を受けたんです。テストのなかに「あなたの長所を百個書いてください」というのがあって、とりあえず思いついたものを百個書いたんです。そうしたら、アナウンス部の当時の部長や人事の人が「これを百個埋めた人は二人しかいない。アナウンサー試験を受けたらどうか」と勧めてくれたんです。私としては言われたことはやりたいし、こういう欄があるからには埋めようという気概があったんです。それまでアナウンサーになりたいと思ったことは一度もありませんでしたが、勧められるまま、アナウンサー試験を受けることになりました。

――最近の就職活動では「学生時代に力を入れたこと」を「ガクチカ」と言ったりします。木村さんが就職活動で話していたガクチカはどんなことでしたか？

ありきたりなものですよ（笑）。小学生のときから大学四年生までボーイスカウトをしていたこと、サッカーをしてきたので体力には自信があるという話をよくしていました。ボーイスカウトでは奉仕活動や募金活動、キャンプなどの野外活動を頑張ってきたので、「火をおこせと言われればおこせます」「ニワトリをさばけと言われればさばけます」「手旗信号もできます」といったことも言っていましたね。

――サークル活動の話もされましたか？

私は大学時代にシーズンスポーツのインカレサークルを立ち上げたんです。それで、面接でも「あした百人集めろと言われたら難しいですが、五十人なら集められます」と言ったことはあります

（笑）。

――技術職の試験はどうなったんですか？

アナウンサー試験も技術職の試験も順調に残っていき、最終試験の日が重なったんです。人事の人に話を聞いたりもしましたが、アナウンサー試験のなかでそれまで見たこともないような華やかな女性たちに出会ったこともあって、アナウンサー試験を選びました（笑）。その頃には私はアナウンサーに向いているかもと思うようになっていましたね。最終試験には男女十人ずつの二十人が残り、一週間、ＴＢＳに拘束されました。『クイズ１００人に聞きました』（一九七九―九二年）に出演したり、その一週間の模様はすべてＶＴＲに残されたんです。でも、最終試験で不合格になりました。

――それから熊本放送を受験されたんですね。

不合格が決まったあとに、興味を持った局が受験者に連絡していいということになっていました。その連絡解禁日に真っ先に連絡をくれたのが熊本放送でした。「うちを受ける気はないですか？」と言われたので、「受けさせていただきます」と答えたんです。私は東京で生まれ育ちましたが、アナウンサーという職種に興味を持っていたので、東京を離れることに抵抗はありませんでした。その後、二十弱の局から連絡がありましたが、そのたびに「熊本放送を受験します」と返事をしていました。そして、一次面接を東京支社で受けましたが、それは最終面接への意思確認といった感じで、その場で熊本行きの航空券をもらったんです。その後、熊本の本社で最終面接があり、内定をもらいました。四年生の夏でした。

——入社後はどんな研修がありましたか？

情景描写を鍛えられました。厳しかったです。デンスケ（録音機）を担いで熊本市電に乗り込み、運転手に「すみません、アナウンサーの研修をさせてください」と頼みます。そして、熊本駅前から健軍町まで車窓から見える情景を描写していくんです。会社に帰ってから、その録音テープを上司に聞いてもらうのですが、「いま、どこを走っているのか、この描写だとわからない」と怒られたことを覚えています。また、野球実況の研修ではスコアシートをつけながら実況の練習をしていくのですが、自分で「カキーン」と言ってしまったこともありました（笑）。「カキーンは言わなくていいんだ」と突っ込まれたりもしました。

——スポーツは野球からだったんですね。

高校野球のミニ中継からでした。入社三年目のときに初めてフル実況を経験しました。ただ、当時は熊本市民早起き野球大会の決勝戦の録画中継があったりしたので、新人がチャレンジしやすい環境だったと思います。それから高校サッカーや高校ラグビーの実況も始めました。いまはスポーツ中継番組自体が少なくなってきていますが、ロアッソ熊本や高校駅伝を実況することはあります。実況と並行して、夕方のニュース番組でスポーツコーナーのキャスターも務めましたが、これもやりがいがありました。私の場合は教えてくださる先輩方も大勢いらっしゃいましたし、アナウンサーが一人一役に集中できていた頃に新人時代を過ごすことができたので、年代的には恵まれていましたね。

——二十代のアナウンサーをごらんになって、いかがですか？

いまはインターネットで検索するという便利なツールがあり、簡単に答えが出ます。でも、そこで得られた言葉と、汗をかきながら自分で見たり触ったり、食べたりしたことで得られた言葉では、言葉の持つ力が全く違います。「おいしい」と言っても、本当に食べたことがあるものだと、同じ「おいしい」ではなくなるんですね。言葉の力は計り知れないもので、アナウンサーはそれを仕事の手段にしているのです。「ありがとう」「頑張ろう」といった言葉でも気持ちの込め方で変わってくるものなので、表面的な言葉を使うのではなく、実体験を通して生まれる言葉の力を感じてほしいと思います。

——アナウンサーの採用試験では面接官も務めていらっしゃいますよね。最近のアナウンサー受験者はどうでしょう。

アナウンサーの受験スクールに通っている人は発声もいいし、原稿読みも情景描写もうまいと思います。ただ、機械的だなと感じることがあります。人の心にふれる受け答えをしてほしい。例えば、「けさ、親御さんはあなたを送り出すときに何と言ってくれましたか？」と聞くと、「「頑張ってね」と言われました」で終わってしまうんです。ここで、「玄関先で母から呼び止められたので、電車賃でもくれるのかなと思ったんです。でも、そうではありませんでした。母は私と目を合わせて、「頑張ってね」と言ってくれました」と話せたら、説得力があるエピソードになります。変わったことや珍しいことでなくてもいいので、自分の感情を乗せて、情景を伝えてほしいと思いますね。

――木村さんが一緒に働きたいアナウンサーはどんな人ですか?

選ぶ側からすると、にわか仕立ての話をしてくる人は避けたいです。エピソードがサークルやゼミナールのリーダーという、ありきたりなものであっても、吸収力が高いスポンジのような人がいいですね。やる気は真剣なまなざしにも表れますし、好奇心旺盛で、いろいろなことに挑戦しようとする心を持っている人、私を採用したら損はさせないですよと訴えかけてきそうな人、話に説得力がある人と一緒に働きたいと思います。

――「自己PR」や「志望動機」といった頻出の質問に答えることができても、会話レベルの質問になると、うまく答えられない人は少なくありません。そういった会話の瞬発力を向上させるにはどうしたらいいでしょうか。

友達や家族との日常会話を見直すしかないですね。会話のなかで「あーして」や「あれ」「これこれ」などの指示語を使いすぎている人は、「あれ」や「これ」が指示している内容をきちんと付け加えながら話すようにしてみたらどうでしょうか。それからスマートフォンやパソコンばかり見ていると、人生が狭くなると言いたい。アナウンサー試験は確かに狭き門なので勉強や練習も大事なのでしょうが、そればかりだと合格は遠のいていきます。視野と人間関係を広げてほしいですね。

――熊本地震での災害報道についてもおうかがいします。二〇一六年四月十四日の前震のときは会社の近くで食事をされていたとか。

そうです。会社近くの街なかにいました。震度も確認せずに急いで会社に戻ったんです。すぐにネクタイをつけて、ヘルメットをかぶり、スタジオに入りました。中継は新人のアナウンサーが担当しました。

――十六日の本震のときはどこにいましたか?

会社は前震の日から泊まり込み体制を始めていたんです。十六日は私が泊まり勤務で、系列各局から応援に駆けつけてくれた人たちもいました。朝から放送があったので、「じゃ、二時間半後に」と言っていたら、本震がきました。大きな地震だという体感がありましたね。テレビのスタジオに行ったら、プログラムが起動せずにダウンしていた。それで、ラジオのスタジオに行きました。そこは大きなスタジオではなく、二階にあるニュース用の小さなスタジオです。予備灯がついていたので、そこまでたどり着き、速報を入れました。懐中電灯で照らしながら、速報を伝えていきましたが、一時間したら喉がカラカラになりました。そのうち会社に出てくる社員も増えて、テレビが復旧しました。今度はテレビで注意喚起のための放送を始めましたが、スタジオが稼働できない状況だったので、中継車経由でTBSに送ったんです。

──災害時の訓練もされてきたんですよね。

阪神・淡路大震災（一九九五年）や東日本大震災（二〇一一年）をふまえて訓練を積んできましたが、やはり想定外のことが起きますから、訓練とは違います。フロアディレクターがいない、原稿がない、ＶＴＲができていないなどの想定外のことに対してはこれまでのアナウンサー経験から対応していくしかありませんでした。伝えなければいけないことと注意喚起の両方をアナウンスしていくのは大変でした。

──どんなことに気をつけて伝えていたんですか？

被害の状況やライフラインの復旧を伝えるにあたってはアナウンサーの真価が問われます。それから、情報カメラの映像はいわばフリーの場面で画面から伝えられることはもちろん、注意喚起やとるべき行動など様々なことが要求されます。そのため、それが映ったときに何を話せるのかということは意識しました。停電していないこと、建物の倒壊具合、歩行者の様子、自動車や信号の状態などを伝えていくにあたり、経験の蓄積は大事だと感じました。訓練をしたりマニュアルがあっても、心が け一つしかない状況だったんです。いいかげんに仕事をしていたら、対応できなかったのではないでしょうか。本当に責任感を問われるやりがいが持てる仕事だと思いました。

──本震後の木村さんの「Facebook」にたびたび「使命」という言葉が出ていたのが印象的でした。

体力的にもきつかったし、熊本城や阿蘇大橋の様子を見ると涙が出ました。でも、落ち着け、焦るな、うろたえるなという使命感で仕事にあたっていました。前震のときはすぐに家族からメールが来て「みんな、無事よ」と知らされたのですが、本震ではメールを確認する時間はありませんでした。家族のことは頭の片隅にありながらも、それを捨てて放送したんです。本震から三時間たったときに、ようやく家族の無事を知りました。

――ご家族は避難所に行かれたり、車中泊をされたとか。

水道やガスが止まり家のなかは物が散乱していて暮らせる状態ではなかったので、家族も十日ほど自宅に戻れませんでした。避難所でも、子ども一人に対してパン一個の配給だったこともあったそうです。避難所には公的なものと、あとから緊急対応的に開放されたところがあり、後者はそうした対応も後手後手にならざるをえなかったようです。そんなこともブログや「Facebook」で発信していきました。

――夏には復興してきましたか?

かなり落ち着いてきました。夏の高校野球の県大会も藤崎台県営野球場で開催できましたし、ロアッソ熊本のホームゲームも客席はメインスタンドだけですが、おこなわれました。でも、被災地はあまり変わっていませんでした。その頃、「Twitter」で「静かな夜はほっとできる」とつぶやいたところ、益城町にお住まいの方から「益城の夜は静かではありません。家が崩れていく音が遠くから聞こえてきます」と言われました。まだ見ておかなければいけないところがあるんだと痛感しました。その後、益城町内で車中泊をしてきました。

――ロアッソ熊本の巻誠一郎選手の復興支援も大きな話題になりました。

巻選手は男気があるし地元愛もあって、素晴らしい支援活動をしたと思います。ただ、みんながみんな、そういうことができるわけではありません。性格的に無理な選手だっています。巻選手が被災地を回っている間、トレーニングを積んでパフォーマンスを上げようとしている選手のことも報道しなくてはいけないですね。プロ意識の持ち方はそれぞれですし、それを比較するのはよくないです。視聴者にも誤解を与えかねませんから、放送ではそこをとても意識しました。

――木村さんは東京でのチャリティーコンサートにもいらっしゃいましたよね。

私の父は音楽家なんです。震災後、父の知り合いが江東区のティアラこうとうでチャリティーコンサートを企画して、私は司会を担当しました。コンサートのなかで十分ほど時間をいただいたので、熊本の現状を話してきました。震災のニュースが風化し始めていたので、熊本の様子を伝え、「観光したり、おいしいものを食べたりして、いまの熊本をぜひ見にきてください」と言ってきました。

――これからの放送局はどう変わっていくでしょう。

情報の出し方が変わってくるかもしれません。これまではスクープなど、先に情報を出そうとするところがありましたが、これからは情報をじっくり、ゆっくり、しっかり伝えていこうという変化がありそうです。もちろん、東京はスピード感があるし、様々な面でクリエイティブです。かつてのローカル局は時代や文化に食らいついていかなくてはという必死さがありましたが、最近はおとなしくなってきたように思います。スピードが問われることももちろんありますが、大事なのは信頼される放送局であることです。

――若い人たちも変わりましたか？

私ぐらいのキャリアになると、器用貧乏といいますか、「このぐらいの枠のなかで」というのができてくるんです。でも、若い頃は「無理だろ」「それ、やるの？」と突っ込まれそうなことを発言していました。いまの若手も、予算や人材、時間を気にせずに提案してみてほしい。無理そうなことであっても、私たち世代の社員ができるように経験を糧に知恵を出してアドバイスすることも可能だと思います。「五十万円でできそうなこと」を最初から考えるのではなく、「五百万円ぐらいかかりそうなこと」を言ってみてください。五百万円を五十万円にするのが中堅社員の仕事です（笑）。

――木村さんはローカル局で働けてよかったと思いますか？

ローカル局だからこそよかったですし、私のリズムに合っていました。私はもともと釣りが好きで、東京にいた頃も奥多摩あたりで釣りをしていたんです。熊本に来てからは一層、釣りにハマりました。いまは燻製や干物まで作っています。十三年間、情報番組を担当し、料理コーナーでは一流の料理人からの教えを受けてきたので、料理も好きです。海があって、山があるというのが地方の魅力です。熊本に来てから、東京で転職したいと考えたことは一度もありません。むしろ、東京に帰るのは負けだと思ってきました。東京に帰るぐらいなら、熊本に知らない人はいないぐらいの勢いでやっていきたい。私は一人で行動するのも好きで、グループを作らず、一人で出かけています。

――これからの熊本にも期待したいですね。

震災後一カ月がたったときに特番があり、私はヘリコプターからリポートをしました。震災後、初めて上空から熊本を見たのですが、ブルーシートがかかっている家や瓦がない熊本城、池の水が枯れている水前寺公園の姿は胸に迫りました。東日本大震災から八年がたちましたが、まだ仮設住宅に住んでいる方がいます。復興の基準は仮設住宅やみなし仮設住宅に住む人がいなくなることなのか、どんなことで復興したといえるのか、まだよくわかりませんが、私は熊本が元に戻っていくさまを見届けなくてはいけないと思いました。その意味で、震災が起きた二〇一六年は私にとっては新たな使命の年ですね。熊本の人は地元愛が強いといわれていますが、いま、みなさんがそれを再確認しているのではないでしょうか。震災直後には「絆」や「がまだせ」といった言葉を多く見かけましたが、そのうちボランティアや自衛隊の人たちに「ありがとう」という感謝の言葉に変わっていきました。熊本の人たちの感情に変化が生まれてきていることを体感しました。試練を糧にすることで、これからの熊本はより強くなりますよ。そして、これからの熊本は、創造的復興を果たし、さらに魅力ある熊本へと変わっていくはずだと信じています。

第5章 アナウンサーという仕事

1 放送局だけじゃない！ 放送局以外で活躍するアナウンサー

アナウンサーと呼ばれる人は放送局だけで働いているわけではありません。私は放送局を退社し、芸能プロダクションのオフィスキイワード所属のアナウンサーになってから、そのことを初めて実感しました。

まずはMCという司会業が挙げられます。司会業をメインにしている人の仕事のなかで多いのは、結婚披露宴の司会でしょう。これは所属している事務所経由で依頼されることもあれば、結婚式場から直接、依頼されることもあります。最近ではウエディングプランナーと司会者を兼ねている人もいます。

それから場内アナウンスです。イベントなどの際の「影アナ」や「影ナレ」といわれる仕事です。

また、選挙でのウグイス嬢のほか、イベントコンパニオンのように、イベントを盛り上げるMCをすることもあります。

2 私がアナウンサーになった理由

私がアナウンサーという職業を意識したのは中学二年生のときです。この年の秋にテレビ朝日で『ニュースステーション』が始まり、ニュースを読んでいた小宮悦子さんに憧れたのがきっかけです。女性アナウンサーが政治や経済のニュースを読む姿が新鮮だったのです。あとでわかったことですが、女性アナウンサーが最初にニュースを読んだのは一九七九年か八〇年だといわれています。それまでの女性アナウンサーは天気予報や季節の話題といったものを読んでいたそうです。『ニュースステーション』は一九八五年に始まりましたので、小宮さんは女性アナウンサーが政治や経済のニュースを読んだ草分けの一人だったのです。

『ニュースステーション』は「中学生にもわかるニュース」をコンセプトにしていて、当時にしては斬新な作りになっていました。そして、難しいニュースが続くときに久米宏さんが言う「中学生にはちょっと難しいかな。次のニュースまでもう少し頑張ってね」のような言葉がけは、中学生だった私にはうれしいものでした。

しかし、当時の私には「高校の先生」という気になる職業もありました。中学一年生のときに、どんな縁からか、母が近所の赤ちゃんを預かることになったのです。その赤ちゃんのお母さんが高校の先生でした。そのお母さんは出産後に育児休暇を取り、いざ復職というときに保育園に空きがなくて困っていました。私の母は保育士ではありませんが、保育園に空きが出るまで、その赤ちゃんの面倒を見ることになりました。赤ちゃんは私が学校に行ったあとでお母さんが連れてきて、私が部活動を終えて帰宅するときにはすでにお母さんが迎えにきて帰宅していたので、私自身は赤ちゃんとの思い出はほとんどありません。しかし、お母さんがすてきな方で、字がきれいで、書かれる文章がすてきでした。Eメールなどない時代ですから、手紙やカードのやりとりをしていたことを思い出します。そのお母さんの文章は上品なだけではなく、ユーモアもあって、「私もこんな字で、こんな文章を書ける人になりたい」と思いました。だから、高校の先生になりたいというよりも、このお母さんのような女性になりたいという感じだったのかもしれません。実は私の父も高校教員だったのですが、異性だからか、「父の仕事を私もやりたい」と思ったことはありません。やはり「ロールモデル」は同性であることが多いようです。

『ニュースステーション』が始まって半年後、男女雇用機会均等法が施行されました。このときに企業に「総合職」というポジションができたのです。それまでは女性が男性と同じように働ける職業は学校の先生か、市役所や県庁などで働く公務員か、医師や看護師、薬剤師、美容師などの国家資格を必要とされるものぐらいしかなく、企業での女性社員はアシスタント的な存在でした。しかし、「総合職」であれば、女性も男性と同じように会議に出たり、出張に行ったり、出世もできるようになったのです。施行を伝える新聞記事を母が持ってきて、「これからは女性も男性と同じだけチャンスがもらえるようになる。でも、このチャンスをどう生かすかは女性次第なのよ」と言ってくれました。母の言葉は高校時代、男の子と同じように勉強していた私を励ましてくれるもので、いまも大事にしている言葉です。新聞などで「総合職として働く女性」の記事を読むと、私も総合職で働くこともいいなと思うようになりました。

大学生になり、将来のことを考えるようになったときに気になる職業はやはり高校教員、アナウンサー、企業の総合職でした。そのなかで、私は熊本放送という企業を第一志望にしました。高校教員を後回しにしたのは、単に受験年齢の問題です。当時の熊本放送は二十四歳までしか受験のチャンスがなかったのです。高校教員は三十歳近くまで受験可能でしたので、まずは放送局にチャレンジすることにしました（現在は熊本放送の受験年齢は延びていて、高校教員はさらに延びています）。

熊本放送は熊本で最初にできた民間放送局で、ラジオとテレビを持っています。ラジオもあるのは「ニュース」に憧れていた私にぴったりだと思いました。私は山口県岩国市出身です。岩国市は県境の街で、実家では山口県と広島県、愛媛県の放送局を受信できていたほか、アメリカ軍岩国基地のFENも聴ける環境でした。そのため、ラジオが身近な存在だったのです。県境に住んでいた地の利を生かして、私はラジオに限らず、テレビに関しても「多チャンネル」の面白さを早々と味わっていました。ローカル局が制作する地元ネタ満載の番組をよく見ていました。また、ローカル局ではキー局が制作した番組を土曜日や日曜日の午後などに何週間か遅れて放送することがありますが、そうした編成も子ども心に面白いと思っていました。もしかしたら、ローカル局で制作していた番組にふれていた機会が豊富だったことが、自然にローカル局を目指すことにつながったのかもしれません。

また、熊本放送は歴史がある局で、水俣病などの社会問題にずっと取り組んでいたり、私が通っていた熊本大学とコラボレーションしていた『熊本大学放送公開講座』などの番組を放送していることも魅力でした。地域に密着しているイベントも豊富で、美術展やクラシックコンサートなどの文化事業に積極的な企業であることもよかったです。熊本出身のコピーライター・魚住勉さんが作った「なんでもあり。」というキャッチコピーにも引かれました。

ただし、私が受験する年はアナウンサー職としての募集はせず、総合職としての採用試験をおこなうということだったので、総合職に向けた準備をすることにしました。もともと総合職で働くことにも憧れていたので、母ともども喜びました。

講師になって以来、受講生のみなさんから「キー局は受験しなかったのですか？」という質問をよくされるのですが、受験していません。理由は教育実習を優先したからです。大学三年生の夏休みに母校の山口県立岩国高校で面接を受け、母校での実習が決定していたこと、また「高校の先生にもなりたい」という思いもあったので、大学四年生の五月半ばから六月半ばまでは教育実習に集中しました。教育実習は教員免許取得にあたっては必須科目ですから、とても厳しく、就職活動で欠席するというのはありえないのです。キー局や準キー局の試験はこの時期に重なっていましたので、受験は見送りました。

熊本放送を総合職で受験するにあたって必要なものは作文と面接でした。私は大学受験のときに小論文入試を経験していて、通信添削のお世話になっていました。「小論文」が入試科目に加わったときの最初の世代で、高校にも現在ほどの指導ノウハウがありませんでした。そこで通信添削で独学したのですが、通信添削での「赤ペン先生」の指導は明快で、「ここをより具体的に」といったものでした。そういった指導を気に入っていた私は、就職活動にあたっても添削を受けたいと考えました。しかし、熊本にはそのような場所はなく、福岡市にあった九州朝日放送の関連の「塾」に通うことにしました。その「塾」は九州朝日放送の関連企業だからか、作文の先生は朝日新聞社の現役の記者でした。この先生から丁寧な添削と指導を受けたのですが、ここでも「ここを具体的に」と言われ続けました。

大学受験の小論文と就職試験の作文の勉強を通じて、「具体的に書く」とはどういうことかを理解したように思います。この文章訓練が放送局でももちろん役立ち、いまも小論文や作文の講師としてのベースになっています。

総合職受験の際は「放送局で何をしたいのか」を明確にしなければなりません。ほとんどの人が制作、報道、営業、編成といったところから職種を選びますが、私は「ディレクターとして、番組の制作にあたりたい」という志望動機を作ることにしました。制作であればラジオでもテレビでもどちらでもよかったので、面接で突っ込まれてもいいように、それぞれの作りたい番組を考えておきました。さらに、私が番組の制作にあたって考えていたことは「弱い立場にある人の視点を持ちたい」。私は中学一年生のときに陸上部の練習中に腰を痛めてしまい、選手として活動できなくなった。顧問の先生がマネージャーに代わることを勧めてくださって、それはそれでいい挑戦だったけれど、体が不自由だったことが少しの期間でもあったので、その経験を生かせれば」ということでしたが、これはとても印象的な話だったと、内定後に人事部の方から言われました。

面接対策にあたっては、熊本市のワシントン外語学院の客室乗務員受験コースに通いました。そこでは笑顔の大切さ、姿勢、お辞儀、身だしなみ、話し方、メイクやリクルートスーツの選び方まで、細かく指導してもらいました。そこで習った眉毛の描き方はいまでも実践しています。客室乗務員を目指す人たちの洗練された立ち居振る舞いやすてきな笑顔も印象的で、就職活動にあたって、自分に足りなかったことに気づかされたレッスンでした。私の叔母はかつて日本航空の客室乗務員をしていて、叔母からは日本航空の受験を勧められたのですが、その年は客室乗務員の募集がなかったのです。叔母の話を聞いたり、ワシントン外語学院に通ううちに、航空会社の魅力も感じました。それでも、私としてはやはり放送局で働きたいという思いが強くなっていきました。

熊本放送の筆記試験では漢字、四字熟語、ことわざ、英文和訳のほか、時事問題が出題されました。英語英文学コースにいたので、英文和訳はあまり苦労しませんでした。ただ、最近の放送局で課される筆記試験のほうが当時よりも難しい印象があります。

その後、身体検査などをクリアして、大学四年生の八月に熊本放送から内定をもらいました。第一志望の企業でうれしさももちろんありましたが、これで就職活動が終わるんだなと、ほっとした気持ちになったことを覚えています。お盆の頃で、すぐに岩国に帰省し、家族をはじめ昔からの友達に報告して、みんなに喜んでもらいました。

当時、熊本放送には「内定者への宿題」がありました。内定から入社するまでの毎月、会社から社内報が送られてきます。その返事として作文を書かなくてはいけなかったのです。内容は社内報の感想、大学生活やアルバイト、卒業論文の進捗状況などの近況報告でいいのですが、私は十月か十一月にそうした報告に加え、「アナウンサーになりたいです」と書いて送りました。小宮悦子さんに憧れていたこともありましたが、そう記した理由として大きかったのは大学四年生の秋に熊本城一帯で開催された「火の国フェスタ・くまもと'93」でコンパニオンを経験したことです。私は「マリンシアター」と「オーロラシアター」で、開演前と終演後のアナウンスや会場の出入り口での誘導を担当しました。この研修のときに初めてアナウンスメントを教わったのです。講師はアナウンサーだった方ではなく、そういったコンパニオンの研修や教育をおこなう企業に所属する方で、かつては大阪万博のコンパニオンだったそうです。中学や高校の音楽の授業で歌を歌うときに「鼻濁音」を習ってはいましたが、アナウンスメントのなかでの鼻濁音は初めてで、全くできないながらも楽しくいい機会だったと思います。演劇などの経験もありませんでしたが、もしかしたら私は「声を出して表現する」ことが好きだったのかもしれません。研修を終え、会期が始まってからはマイクを持ってアナウンスすることの面白さを味わい、伝える難しさややりがいを感じました。

その「アナウンサーになりたい」旨の作文を読んでいただいたようで、年明けに会社から連絡があり、再び面接を受けることになりました。今度は放送部（アナウンサーが所属する部署でした）の部長と放送部が属する報道局（現・報道制作局）の局長による面接でした。放送部長はもちろん現役のアナウンサーで、報道局長も以前はアナウンサーだったので、テレビで見ていた方たちが目の前に座っていることに不思議な気がしました。ただ、このときは「アナウンサーへの志望動機は」などと聞かれることはなく、雑談のような気楽な雰囲気で終わりました。局長から「何か人前でやったことってありますか？　学芸会とか」と聞かれ、部長が「いまどきの学生さんが「学芸会」はないでしょ」と局長にツッコミを入れられ、私も「学芸会は経験したことがありません」と答えたりしたことを覚えています。この時点では、放送部に最初に配属されるかどうかは全くわかりませんでした。しかしながら、和やかで、いい雰囲気の会社であることは実感できました。

そして、入社の三日ほど前に内定者全員が会社に集められました。その年は総合職が六人、技術職が二人の採用でした。技術職は二人とも男性でしたが、総合職は男女半々でした。その場で、人事局長からそれぞれの配属を告げられたのです。私は「報道局放送部でアナウンサーとして頑張ってもらいます」と言われました。総合職で採用され、アナウンサーとして配属されるというのは二つの夢が同時にかなった気がして、涙が出るほどうれしかったのですが、ほぼ初対面に近い同期を前にして涙を流すのは恥ずかしかったので、必死にこらえたことを覚えています。

私が高校教員にも憧れていたことを知っていた父からは、「教員は教壇の上に立つときは一人だし、アナウンサーもカメラの前に立つときは一人のことが多いと思う。でも、教員が教壇から降りたら大勢の仲間がいるように、アナウンサーも大勢の仲間と一緒に働いていることを忘れてはいけない」と言われました。そして、「ローカル局で働くんだから、ソサエティーよりもコミュニティーを大切に」という、社会科の教員らしい言葉ももらいました。

これが私の就職活動に関する話です。ただし、総合職での就職試験を受けたあとでアナウンサーの部署に配属されるケースは少ないので、志望者の方々にはあまり参考にならないかもしれません。というのも、私はパネルトークやカメラテストなどのアナウンサー試験特有のテストを受験していないからです。ただ、講師としてはこういった経験は全く無駄ではなく、総合職受験にも強いというのは現在の私の指導の強みになっています。

私は放送局の受験に備えて二つのスクールに通い、それぞれから学びましたが、受講生の立場からすると二つのスクールに通うのは大変です。そこで、私が「塾」を主宰するときには受講生の方々がワンストップですむようにしたいと思っていました。アナウンサー受験では準備するものが少なくありませんが、講師を務めるアプローズキャリアではリクルートスーツ選び、身だしなみから写真撮影、エントリーシート作成、面接、筆記、作文まで一貫して指導するようにしています。

第6章 アナウンサーを目指した先に

本章では私が早稲田セミナー（現ＴＡＣ）梅田校、京都校で指導した受講生のインタビューを所収しています。アナウンサー志望者にとって気になることの一つが「併願先」です。併願先として多いのが、放送局を総合職（一般職）で受験することです。ここでは、ＮＨＫのディレクターと民間放送の報道記者のインタビューを載せています。また、銀行や鉄道会社、航空会社といった公共性が高い職場を選んだ人たちもいます。そのほか、放送局の総合職を退社後に公務員に転職した人、証券会社を退社後に精神保健福祉士の資格を取得した人といった、珍しい経歴の人たちの声も収録しました。いずれも、学生時代はアナウンサー受験の準備をした人たちです。どういうきっかけでほかの仕事に興味が移っていったのか、ほかの仕事をするなかで、アナウンスの勉強をしたことがどう生かされているのかなど、興味深い話をうかがうことができました。

たまに「アナウンサーにしかなりたくない」「ほかの職業には興味がない」という人がいます。アナウンサーになるために就職浪人を何年もする人、何年もアルバイトをしながら受験を続ける人もいます。それも一つの生き方なので否定はしませんが、「努力していれば、いつかはなれる」というほど甘いものではありません。私は医学部受験生の小論文や面接の指導もしていますし、法科大学院を目指す人、法科大学院や司法試験の受験に失敗したのでほかの仕事を目指す人の支援もしていますので、いわゆる多浪の人も多く見てきています。医師や法曹の仕事は年齢を重ねることが不利ではなく、「努力していれば、いつかはなれる」仕事かもしれません。むしろ、年齢を重ねたことで視野が広がり、いい仕事ができそうな人だと評価されることもあるでしょう。しかし、アナウンサーは声を使う仕事なので、ほかの職業よりも年齢が重要視されます。放送局のなかではベテランの声だけでなく、若い声も求められているのです。アナウンサーの受験年齢の制限が厳しいのはそのためです。

日本は新卒至上主義といわれていますし、一生に一度しか切れない新卒というカードをうまく使ってほしいと思っています。アナウンサーにならず、ほかの職業に就くことは決して負け組ではありません。本章に出てくる人たちの生き方や働き方を知れば、アナウンサー以外の仕事に就くこともいいものだと理解していただけるはずです。

1 日本放送協会（NHK） Kさん

――Kさんはアナウンサーと総合職の併願を最初から考えていたんですか？

就職活動を始めるにあたってはスポーツに関わりたいということと、英語を生かしたいという程度の考えしかありませんでした。世の中にどんな職業があるのか、どんな業界があるのかをわかっていない、典型的な大学生でした。ただ、アナウンサーは画面に出てくるので、身近な職業ではありました。そのなかで、アナウンサーかディレクターか、どちらかの職種で放送局に入れればいいかなと考えるようになりました。放送局に入社するのならアナウンサーでないといやだとこだわる人が特に女性に多い気がしますが、私にはそういうこだわりはありませんでした。

――スポーツが好きだったんですよね。

何をして働くのか、何がしたいのかと考えたときに、スポーツが好きだと改めて気づいたんです。小学校高学年から大学までサッカーを続けていて、それなりに頑張ってもいたし、好きでもあったけれど、選手にはなれないとわかっていました。Jリーグチームの職員にも憧れましたが、公募もしていないし、新卒の大学生を採用しているという話も聞いたことがありませんでした。そこで、スポーツに携われる職場といえば、放送局、新聞社、雑誌を出している出版社といったマスメディアだと思いました。

――就職活動をどのように始めましたか？

就職試験のなかで最も早い時期におこなわれるのがアナウンサー試験ですから、アナウンサー試験から受け始めました。エントリーシートは通っても次の面接で落ちることもあり、アナウンサー試験は落ちるものなんだとわかりましたね（笑）。全部、落ちるのではないかという不安も出てきました。そこで、選択肢を広げたほうがいいと考え、総合職やほかの業界も受験することにしたんです。

——どんな企業を受けたのですか？

メーカーや総合商社です。私は留学経験があって、英語が得意でした。TOEICのスコアもよかったので、その点をプラスアルファの評価として見てくれそうな企業を受験し、総合商社二社から内定をもらいました。

——NHKの採用試験の流れを教えてください。

最初がエントリーシートです。次は一次面接と筆記試験がセットになっていました。一次面接は一対一でした。普通は五分程度で終わるそうですが、私は十分ありました。二次面接は四十五分ぐらいありましたが、仕事とは関係ない話も多かったです。「ウチに入ったらスポーツだけできるわけじゃないよ」「転勤もあるけど、大丈夫？」といったことを質問されたのを覚えています。

——その後はいかがですか？

三次面接が最終でしたが、これがいちばん緊張しました。時間は十五分ぐらいで、受験者は私だけ、面接官は四人でした。でも、そのうち二人が何も話さないので無言の時間がかなりあって、恐怖を感じました（笑）。質問自体も三問ぐらいしかありませんでした。人事の方が来て「はい、終わりです」と言って終わったのですが、「これで落ちるのなら、ある意味、仕方ないな」と思いました。ただ、そのときは総合商社の内定もありましたし、それまでに面接の場数をこなしていたので、手応えはありませんでしたが、堂々とした態度はとれていたと思います。

——ＮＨＫではどんな仕事をしてきましたか？

最初は西日本の局に配属になり、四年半を過ごしました。私は大阪出身で、地方に暮らすのは初めてでしたが、地方生活も楽しめました。スポーツ志望ではありましたが、ここではスポーツ以外の仕事が九割を占めていました。主にディレクターの仕事をしていました。お祭りの中継をしたり、旅番組を制作したり、『クローズアップ現代』の制作にも携わることができました。

——それから東京に移ったんですね。

東京では、スポーツは中継班と情報番組班に分かれていて、私は情報番組班にいました。『サタデースポーツ』や『サンデースポーツ』『おはよう日本』のスポーツコーナーの制作が中心でした。ＮＨＫは提案制で、自分が制作したい番組があれば提案することができます。私は『アスリートの魂』や『ＮＨＫスペシャル』を制作しました。ロンドンオリンピックは現地で取材しました。

——いまはどんな仕事をしているのですか？

いまは中継班にいます。情報番組班では徹夜して編集したり、途中で納得できないことにも遭遇したりしましたが、中継班は「中継が終わったら、終わり」というようなすがすがしさがありますね。情報番組にしろ中継にしろ、自分がやってみたい仕事をしているし、異動時期などの希望もかなっているので、仕事には本当に満足しています。

――就職活動を前にした大学生にメッセージをお願いします。

自分に合っている仕事を選ぶのが大事です。どんな仕事もきついことやつらいことがあります。だからこそ自分と相性がいい仕事を選んでおくと、そんなときに頑張れるはずです。私はお金に価値を置くことはなかったですし、年収や休日の多さといったところで選ばないほうが楽しい仕事人生になります。いくら給料がよくても、自分に合っていない仕事だとつらいのではないでしょうか。最近の就職事情は厳しいので、とにかく数を受ける大学生がいるようですが、全く興味がない会社を受験しても仕方ありません。面接で話すことがなくなりますし、たとえ受かったとしても、途中で辞めたくなるのではないか。でも、働き始めると簡単には退社できないものです。

面接にあたっては、聞かれたことに的確に答えましょう。「こう話すんだ」「こんなふうに自分をPRするんだ」というシナリオを描きすぎないほうがいいですね。自分で作ったシナリオどおりに話そうと固執していると、余裕がないと思われてしまいます。面接は人生を賭ける場ではありますが、そこで余裕を感じさせない態度だと、面接官が「仕事で負荷がかかったときも、こんなふうに余裕がなくなってしまうのでは」と感じてしまうかもしれません。舞い上がらず、落ち着いて選択肢を考えること。そこで必要なのは、自分への自信です。過信やうぬぼれはよくないですが、「これができます」「これが得意です」といったよりどころがあるといいですね。仕事は友達や同級生だけでするわけではありませんから、緊張する場面でも堂々とできることは就職してからも大事です。

2　在阪準キー局　Lさん

――Lさんの就職準備は早かったですよね。

大学二年生の四月にアナウンサーのスクールに入ったので、早かったですね。標準語の取得を頑張ろうというよりも、三年生の夏にあるセミナーのために早く始めたほうがいいと思ったんです。

――総合職へと興味がシフトしていったのはなぜですか？

三年生になり、スクールにはそのまま通っていて、秋ぐらいからアナウンサー試験が始まりました。それで、ある県の放送局のアナウンサー試験で最終まで進んでいたのですが、それと同時にキー局の総合職セミナーにも参加しました。座学のセミナーに加えて、実際の番組作りの現場で研修をさせてもらい、番組に携われるのであれば、アナウンサーでも総合職でもどちらでもいいや、と思うようになりました。いまとなっては、総合職を選んでよかったと思っています。毎日テレビに出続けるというプレッシャーはなかなかのものだなと、日々アナウンサーを見て感じています。

――その間、ホテル住まいだったのですか？

そうです。関西の学生は私だけでした。放送局受験はお金がかかります。私は百万円は使ったと思います。アルバイトで貯めていたお金のほかに親からも借りて、あとで返済しました。

――いま勤めている局の試験の流れについて教えてください。

まずはエントリーシートです。裏面を自由に使っていいタイプで、アナウンサー試験と似ていたことから、アナウンサー試験で使ったエピソードを流用しました。アナウンサースクールの先生やチューターからエントリーシートで書けるようなネタ作りについては厳しく言われていたので、二年生からスクールに通っておいてよかったと思います。

一次面接は二対二でしたが、アナウンサー試験でも一次面接で落ちたことはなかったので、自信がありました。次は筆記試験で、これが難しかったです。苦手な理数系の問題はどんどん飛ばしていって、英文和訳などの英語の部分で点数を稼ぎました。筆記試験に通過すると、個人面接がありました。これも問題なく通過したのですが、次のグループディスカッションが大変でした。

――グループディスカッションのテーマはどんなものでしたか？

「番組の企画を出してください」というもので、その場で即興で番組の構想を立てなくてはいけませんでした。そして、それぞれの案をグループ内で発表し、お互いに意見を言い合います。グループとして何かを提案するというものではなく、あくまでもお互いの案への意見を出すだけでした。ここでは土壇場での発想力や協調性が見られていたように思います。実際に放送局で働くと、「あと何時間以内に台本を書け！」「あと数分の間に、これの代案を出して放送しろ」なんて言われることはザラにありますので、そのあたりを見ているのかもしれません。

――就職活動には満足していますか？

大満足です。二年生から準備を始めておいたのが功を奏しました。一学年上の人たちを見ていたので、自分が就職活動をするときに慌てることがありませんでした。ニュースなどの原稿読みもたくさん勉強できました。エントリーシートや面接で必須の自己ＰＲの完成が早かったのもよかったと思います。

――いまの仕事のやりがいについてお聞かせください。

自分が取材したニュースがきっかけになって、世の中が動くという体験をできることです。私が経験したことでいえば、とある事件の容疑者を逮捕前に直接インタビューしたことがありました。そのインタビューがきっかけで新しい不正が明らかになり、他社のテレビや新聞が追随する、連日その事件が報道され続ける、ということがありました。この報道で系列局から表彰を受け、世の中を動かしたんだという実感を得ました。また、普通の人が体験できないことが放送局で働くと体験できるというのも働く面白さです。国会議事堂の赤じゅうたんを歩いたり、海外で開催されたオリンピックで日本人が金メダルを取る瞬間を見ることができたり、普通に生活していたら、会えないような人にもインタビューできるのもやりがいがあります。本当に飽きない仕事です。

——Lさんは記者レポートもじょうずですよね。

アナウンサーにならなくても、記者としてテレビに出て、自分の声で伝えることはできます。記者出身のキャスターもいますので、アナウンサーを目指している方には記者を目指すのも一つの方法だと伝えたいです。

——アナウンサーと総合職の併願を考えている大学生にアドバイスをお願いします。

アナウンサーにしろ総合職にしろ、放送局の試験は全国の大学生と戦わなくてはいけません。全国には受験者のつわものがたくさんいます。その人たちに負けないためにも、早い段階から準備しておくことをお勧めします。特に、自己PRに使える話題を二年生のうちに考えておくといいと思います。放送局に入ると、仕事で飽きることはありません。追いつけないほどの仕事がありますから、マンネリに陥ることが全くないんです。オンエアが終わった五分後に「あしたの放送について、相談なんだけどさ」と言われるような刺激に満ちた毎日をぜひ、味わってほしいと思います。

3 三井住友銀行　Mさん

――Mさんがアナウンサーのスクールに入ったきっかけはどんなものだったのですか？

父が事業をしていることもあって、私も経営に興味があったんです。経営者に必要なのは人間力だと思いますが、まずはスピーチの力をつけたくて、大学三年生の春にアナウンサーのスクールに入りました。話す力はどんな仕事をするにあたっても大事です。

――就職活動にあたっては、どんな点を重視しましたか？

スクールに通っていた間はアナウンサーの仕事も面白そうだと思いましたが、経営に関する仕事を優先しました。小さい頃から経営者である父の姿を見てきたことが大きいと思います。そのため、大学も経済学部経営学科を選び、ゼミナールでも経営学を学んできたんです。また、私はシンガポールで育った帰国子女でもあり、国際的な仕事もしたかった。そこで、銀行のほか、商社や海運会社なども視野に入れていました。

――いまは銀行でどんな仕事をしているのですか？

国際統括部で海外の支店の取りまとめをしています。経費と投資の部分を担っていて、やりがいがあります。いろいろな海外支店とのつながりができ、どの国にも知り合いがいる状況です。経営管理の仕事は頭取をはじめ、専務などの役員の考え方を直接聞けるので、勉強になります。最初から「経営に興味がある」と言っていたので、この職場に配属されたのかもしれません。業績を上げるために経費を見直したり、一つの部署にいたら見えにくいことが見える職場です。

――就職活動はどのような流れでしたか？

最初にエントリーシートを出して、ウェブテストを受験しました。リクルーター制のため、大学の先輩に三回ほどお会いしました。そして、人事の面接が一次、二次とありました。それから作文の試験があって、最終面接でした。最終面接はほぼ合否に関係ない感じでした。

――総合職で働くことはつらいですか？

最初は子どもができたらどうなるんだろうといった不安もありましたが、職場の先輩のなかには子育てと両立している人もいます。会社も女性社員を応援しようという雰囲気です。私もずっと働きたいと思っています。

――銀行と放送局との併願を考えている大学生へのアドバイスをお願いします。

私もリクルーターの経験がありますが、一つの筋が通っている人は好印象です。一つの筋というのは、この業界しか受験しないということではありません。私自身も銀行以外の業種を受験していて、いろいろな分野に興味を持つことはいいことだと思います。しかし、どの分野でも貫ける筋が必要で、私にとっては経営に携わりたいということと国際的な仕事をしたいというものでした。自分が生きてきたなかで、「こういうことがあったから、これからもこうしていきたいんだ」というストーリーがないと、面接でうまく話せません。一回一回の面接を大事にしてほしい。

就職活動では、企業や面接官と相性が合うか合わないかも大きく左右します。そこで、企業や面接官に無理に合わせようと取り繕っても仕方ありません。会うべくして会う人、合うべくして合う企業は必ずありますから、頑張ってほしいと思います。

4 関西私鉄会社　Nさん

――Nさんが鉄道会社に興味を持ったのはなぜですか？

大学のゼミナールが地域経済学で、地域をよくしようという勉強をしてきました。放送局に興味を持ったのもその一環で、鉄道会社に就職する先輩がいたこともあって、私も鉄道会社を受けようと思いました。いまの会社を選んだのは大学に通うために使っていた鉄道だからでもあります。新規路線もできて、それにしたがって都市開発をおこなっている点も好印象でした。

――ほかはどんな企業を受けましたか？

繊維メーカーを受けました。私は大阪出身ですが、大阪はもともと繊維の街です。母が繊維の専門商社に勤めていたこともあって、なじみがある業界でした。かつての花形産業がいまどうなっているのか気になって調べたところ、炭素繊維や海水を淡水に変える水処理膜といったものに引かれましたね。

――内定した鉄道会社への就職活動はどのような流れでしたか？

大学三年生の一月にエントリーシートを出して、二月に一次面接がグループ面接でありました。その後、ウェブテスト、二次面接、最終面接と進みました。面接を受けるたびに志望度が上がっていきました。こういう会社なら、長く頑張れるかなと思ったんです。

――内定はいつでしたか？

四年生の四月に入ってすぐでした。私鉄会社はどこでも早いんです。その時点で就職活動をやめました。その頃、繊維メーカーの面接も進んでいたのですが、あるとき「あなたの話し方を聞いていると、アナウンサーのほうが向いているんじゃない？」と言われてしまいました。その面接から先には進めなかったのですが、アナウンサーらしい話し方ができたというのは逆に自信になりましたね。

――いまはどんな仕事をしているのですか？

経営戦略室で働いています。事業の撤退や買収など、グループ全体としてどういう方向を目指すのかを考えるお手伝いをしています。ＩＲ（インベスター・リレーションズ）のような株主への発信として、株主通信の編集もしています。手書きで絵を描いたり、紙面のデザインをしたり、広告代理店の方たちと仕事をするのはクリエイティブで楽しい作業です。

――説明会などで大学生とふれあうことはありますか？

弊社では大学生に会社のことを知ってもらうために大学別の説明会を開催しています。そのため私も大学生と会う機会はあります。鉄道だけでなく、インフラ系の企業を受けたい大学生が多く出席しているようです。よく質問されるのは、私が就活生だったときは志望動機や志望の部署などをどう答えたのか、ということです。他社との違いも聞かれます。

――アナウンサーのスクールに通ったことは意味がありましたか？

標準語のアクセントを覚えたり、話し方を習ったことはよかったと思います。それまでは就職のことを考えていなかったので、どういう仕事をしていきたいのかを考える機会にもなりました。また、放送局は試験が早く始まるので、場慣れできましたし、度胸もつきました。でも、どんなふうに働いていきたいのかを考えるのは就職活動が終わってからも続きます。就職活動が終わったからといってすべて終わりというわけではないので、これからもずっと考えていきたいと思っています。

――鉄道会社と放送局の併願を考えている大学生にアドバイスをお願いします。

鉄道会社では、自分たちがつぶれると街全体がつぶれるという大変な責任感が求められます。また、事故がないように安全に努めるといった、仕事の意義が明確なところがあります。

受験したい人は、建前などではなく、自分に正直になれるように準備してほしいです。周りの人の話を聞いただけで、格好いい業界を見つけてその業界に入ったとしても、自分に合っていないなら価値がありません。就職活動は短距離走のような面がありますが、働くとなると長距離走です。居心地が悪いと長く働けません。プライドを削ぎ落として、正直になることです。

5 某県庁 Oさん

――Oさんは大学時代、早稲田セミナーのマスコミ・ジャーナリスト講座とアナウンサー講座の両方を受講していましたよね。

どちらかで働きたいと思っていたので、二つの講座に通っていました。通い始めたのは大学三年生の春で、それまでは「リクナビ」や「マイナビ」に登録する程度のことしかしていませんでした。放送局だけでなく、新聞社などのマスメディアで働きたいという希望は以前から漠然とありましたが、大学三年生になって、将来どうしようかなと考えたときにきちんと目指そうと思いました。

——その頃は県庁で働くことは念頭になかったんですね？

県庁で働くことを意識したのは放送局に入ってからです。

——入社した放送局の受験の流れを教えてください。

二月にエントリーシートを提出しました。その局では総合職とアナウンサー職の併願はできず、この時点で総合職かアナウンサー職かを選ばなければいけなかったので、悩んだあげく総合職にしました。一次試験は集団面接でした。二次試験は個人面接、グループディスカッション、筆記試験がありました。三次試験は最終面接で、内定をもらったのが四月十日頃でした。

——総合職受験にあたって、どの職種を希望したのですか？

報道記者です。面接では、社会にある問題の種を見つけていきたいということを話していました。しかし、最初は業務部で、スポットデスク*をしていました。ところが、予期せぬ人事異動があり、十カ月で報道部に異動になったんです。もともと希望していた部署だったので、うれしかったですね。

＊放送の広告には「タイムCM」と「スポットCM」があります。タイムCMは広告主が個別の番組を提供し、その番組内で放送する広告で、スポットCMは番組に関係なく、放送局が指定する時間に放送する広告のことです。Oさんがしていた「スポットデスク」とは、広告（CM）を放送する枠を管理して、どの時間にCMを放送するかを提案する仕事です。

——報道部ではどのような仕事をしましたか？

異動した一年目が遊軍記者、二年目が市政、三年目で県警の担当になりました。市政のときは全国中継があり、四十五分間のローカル枠のディレクターもしました。それから東京支社に異動になり、今度は外回りの営業で、大手の広告代理店を担当しました。私が営業をするようになるとは想定外でしたが、女性だからか、取引先の方々には覚えていただきやすかったようです。それに、東京で働けたことは県庁の仕事をするなかでも役に立っています。

——なぜ県庁への転職を考えたのですか？

大きな理由としては結婚したことです。放送局は小さな組織ですから、いつまで東京にいるのか、いつ地元に戻れるのかわかりません。私は結婚しても仕事を続けたいと思っていたし、地元で腰を据えて働きたかったんです。放送局時代と同じく県単位で働きたかったので、市役所ではなく、県庁にしました。放送局で視聴者のためにと思って働き続けたことは、県庁を目指すにあたってのモチベーションになりました。県庁での仕事も県民のためにというスタンスなので、放送局と目指すところが一緒なんです。今度は施策として、県民のために直接、はたらきかけたかった。また、東京での経験も影響しました。

——どのように影響したのですか？

地元では四社の競合ですが、東京では全国の放送局と競わなくてはなりません。そこで、私は地元を強調し、地元の魅力をアピールすることに努めていました。地元がもっと魅力を打ち出さなければ全国のなかで埋没してしまうという危機感もありました。ブランド価値を向上させないといけないと思っていたんです。東京で仕事をしたことで、地元への愛情が強まった気がします。

——県庁の受験は大変でしたか？

公務員試験の筆記試験は一般的に一般教養科目と専門科目がありますが、私が受験したのは社会人経験者枠だったので、専門科目が必須ではなかったんです。一般教養科目だけという点では負担はあまりありませんでした。

——放送局では驚かれたでしょうね。

最初は「結婚したので辞めます」と言っていたのですが、あとからきちんと報告しました。でも、喜んでくれたと思います。また、いまも仕事でお世話になっています。一カ月に一回はテレビと関わっています。

——県庁ではどんな仕事をしているのですか？

観光課に勤務しています。県が策定した施策のなかに民間事業者のノウハウを活用した誘客促進事業があるのですが、これに携わっています。まず、こちらで誘客イベントの大枠を提示します。大枠とは地域や予算などです。そして、広告代理店や放送局に企画を提案してもらって、プレゼンテーションもしてもらいます。こちらが提案するのは大枠だけなので、放送局時代とは違って、少し物足りない気もします。立場も放送局とは全く逆なのですが、仕事にはいままでのノウハウを生かせていきます。民間事業者と一緒にいいイベントを作り上げたい。観光客を多く呼び込んで、イベントで笑顔になってもらえたらと思いながら働いています。

――放送局での経験が役に立ったことはありますか?

記者だったときに「こういうプレスリリースだったら、いいな」と思っていたことがあったので、そこは改善しました。

――就職活動を控えた大学生にメッセージをお願いします。

就職活動は大変ですが、幸せな時期でもあります。なぜなら、こんなにいろいろな仕事について考えたり、いろいろな可能性が広がっていくことを実感できるときはほかにないからです。企業の説明会に堂々と行けて、これまで知らなかった世界を知ることができるのもこの時期だけです。早く内定を取りたいという気持ちもわかりますが、人生のなかで恵まれていて、かつ充実した時間なのだと思ってほしい。楽しんで、いろいろなことを吸収してほしいです。

社会人になると時間がないので、大学生のうちに経験しておけばよかったということがよくあります。私の場合は、もっといろいろなアルバイトをして、様々な世界を見ておきたかったと思います。お金を管理するアルバイトを四年間続けた人が同じ部署にいるのですが、まだ二年目なのに、電話の対応などがじょうずで感心しています。

6　全日本空輸　Pさん

――就職活動をどのような形でスタートさせたのですか？

私は留学していて、四年生の夏に帰国しました。単位互換制度での留学だったので、そのまま四年生でいられたのですが、就職活動のために三年生の夏だということにして、就職活動を始めました。最初はいろいろな企業の説明会に出席していました。そして、アナウンサーのスクールに入りました。でも、マスコミへの志望度はそこまで高くはなく、メーカーなどにも興味がありました。

――航空会社に興味を持ったのはなぜですか？

大学でフランス語を専攻していたので、その語学力を生かせるかなと考えたのがきっかけです。それで航空会社を受けるようになったのですが、その受験中に航空業界がいいなという思いがだんだん強くなっていきました。

――航空会社を受けるにあたって、不安はありましたか？

周りは航空会社を第一志望にしている人がほとんどで、そういう人は航空会社受験のためのスクールに通っていました。私はアナウンサーのスクールにしかいっていなかったので、航空業界の研究が足りていないことが不安でした。ただ、自己PRはしっかり準備できていたので、よかったと思っています。放送局の面接試験では、自分を飾るというのでしょうか、構えていたところがあったのですが、航空会社の面接試験ではそんな構えがなくなっていくのを実感できました。アナウンサーのスクールでの練習の成果を自然な形で発揮できたように思います。エントリーシートも苦労しませんでした。ANAのエントリーシートでは「自分らしい」写真が一枚で、なぜその写真なのかを説明したり、「自分のどんなところが客室乗務員に向いているのか」「人を喜ばせる経験」などを書きました。

——それから、一次試験ですね。

一次試験はグループディスカッションで、これがいちばんヒヤヒヤしました。「当社の新しい就航先を提案してください」というテーマでしたが、私は企業研究が十分ではなかったので、その当時の就航先さえ把握できていなかったからです。それで「南極」と言ってしまいました（笑）。周囲は「えっ」という感じでしたが、「一人でも行きたいと願っているお客さまがいれば、就航する価値があると思います」と言い切りました。どうとられるのか不安でしたが、通過してよかったです。

——二次試験は面接ですか？

グループ面接で、受験生が三人でした。自己PRのほかは、「人の役に立ったと思う経験」、もしくは「人から助けられた経験」でした。私はフィリピンで経験した医療ボランティアの話を選びました。それから「この職業でなかったら、何をしたいのか」という質問もありました。ここでは「高校教師」と言いました。私は英語とフランス語の教職課程を選択していて、教育実習もすませていたんです。航空会社にもインストラクターという仕事があるので、高校教師といったほうが航空会社との関連を感じさせることができるかもしれないと考えました。

――客室乗務員になってみて、いかがですか?

放送局も同じだと思いますが、華やかなイメージがある一方で、体力が必要な仕事です。私は客室乗務員にとても憧れていたわけではなかったし、大変だろうなという予測もしていたので、厳しい新人訓練も乗り越えることができました。もともとがむしゃらに頑張るのが嫌いではないタイプなんです。訓練が終わって乗務が始まってからは、飛行機という人工的なものと、人というソフトなものとの両立が課題です。お客さまは一回のフライトごとに違いますし、一緒に乗務するメンバーもそれぞれ異なります。安全性優先ゆえに妥協できないことをふまえながら、お客さまの要求をメンバーと一緒に考えていかなくてはなりません。難しいですが、柔軟に対応できたときは達成感があります。

――アナウンサーのスクールに通ったことで、プラスになったことはありますか?

話す内容を洗練させることができたことと、話し方をよくする訓練ができていたことです。話す内容に具体性やストーリー性を持たせたり、発声や滑舌などを鍛えて、わかりやすい話し方ができれば、接客や営業だけでなく、どの仕事をするにも有利になります。プレゼンテーション技術を求められる仕事も多いですよね。

客室乗務員の仕事でいえば、機内アナウンスがあります。私はスクールで標準語の練習をしていたので、アナウンスの練習中に先輩方から「関西出身なのに、関西弁が出ないね。何かしていたの？」とよく聞かれました。入社一年目の終わりに、インターホンを持ち、初めてベルト着用サインのアナウンスをしたときはアナウンサーのスクールで教わったことと、いまの仕事が直結できた気がして、本当に感動しました。

――航空会社と放送局の併願を考えている大学生にメッセージをお願いします。

客室乗務員の仕事は外国にも行くことができるし、幅広くお客さまと接することができます。自分の引き出しが多いと、できることが増えるものです。「こういうお客さまには私のこんな経験を話してみよう」というアプローチができる。大学時代は好奇心を旺盛にして、学業、部活動、サークル活動、アルバイト、ボランティア、機会があれば留学にも取り組んでみてほしいです。就職すると時間に恵まれることがありませんので、大学生活のなかで時間を無駄にせず、フル活用して、充実させてほしいと思います。

7 精神保健福祉士 Qさん

――精神保健福祉士の仕事に興味を持つようになったのはいつですか?

大学に入ったときです。しかし、その頃は精神保健福祉士と臨床心理士といった資格名を聞いたことがある程度でした。私は専攻が経済学でしたので、そういう仕事に就こうと思ったら、心理学の勉強をしなければいけません。また、大学院にも行かなければいけません。そんなときに社会人の方から「そういうことを考えるよりも就職活動をしたほうがいい」とアドバイスを受け、それならとアナウンサーのスクールに入りました。

――アナウンサーにも興味があったんですね。

小さい頃から漠然と興味があったんです。話すことが好きでしたし、得意だという意識まではありませんでしたが、人前で何かをする機会は多かったですね。学級委員をしたり、高校が女子校ということもあって、グループのリーダー的存在だったと思います。そんな私の特性が生かせる仕事がアナウンサーなのかなと思いました。

――どんな大学生活を過ごしていましたか？

新聞研究のサークルと合唱部に入っていました。新聞研究のサークルはマスメディアへの受験を意識して入りました。オリンピック選手にインタビューする機会もあり、原稿をまとめる力がつきました。放送局や新聞社を目指すなら、こういうサークルはお勧めです。合唱部ではアナウンサーに大事な腹式呼吸や発声を学べました。

――アナウンサーへの就職活動はいかがでしたか？

ある地方局で内定が取れそうなところまで進んだのですが、試験の日が証券会社の最終試験と重なってしまい、それで手堅いほうを選びました（笑）。

――証券会社で最初はどんな仕事をしたのですか？

関西のある支店に配属され、営業を三年間、経験しました。しかし、証券会社の営業の仕事は一生続けていくことはできないと思ったんです。そこで、以前から心に引っかかっていた心理学を若いうちに学びたいと決意しました。心理学を学んだうえで、相談業務ができる仕事に就きたいという夢ができたんです。以前から知っていた資格は臨床心理士ですが、これは民間資格なので、取得したとしても仕事があるかどうかわかりません。それなら国家資格がいいと思って調べているうちに見つけたのが、精神保健福祉士でした。

――それで専門学校に進学したんですね。

精神保健福祉士は専門学校に一年通えば国家試験を受験できます。私の場合は会社を辞めて進学したので、プレッシャーはありました。親が「一度取ったら、ずっと使える資格だから」と応援してくれたのがありがたかったです。

――専門学校での学生生活はいかがでしたか？

いろいろな年代の人が通ってきていたので、楽しかったです。就職難の時代でしたので、新卒の人もいました。一方で、社会人を十年、十五年と経験してきた人や、定年退職後の人もいました。放送局の受験仲間とは違うなあと思っていました。

――専門学校卒業後はどこで働いたのですか？

専門学校を卒業して、国家試験に合格し、精神保健福祉士の資格を得ました。でも資格を得るだけでは仕事ができないので、ある自治体の社会福祉協議会に就職しました。アナウンサー試験や証券会社への就職活動をしてきたので、面接は得意になっていましたね。自己ＰＲはどの面接試験でも使えるものですし、面接のポイントをつかんでいたのだと思います。社会福祉協議会には一年間勤めて、独立しました。

――いまはどのような仕事をしているのですか？

主にメールで仕事の依頼を受け、対面で相談に乗っています。ワークショップを開催することもあり、企業や医療機関に依頼されて、コミュニケーションやメンタルヘルスについてのセミナー講師を務めることもあります。友人の会社で顧問を務めています。その会社は十八歳以上の精神障害や発達障害の方の就職支援をしています。障害があっても就職できるように、面接やパソコンのトレーニングをしています。

——心を病んでいる人は多いと感じますか？

多いと思います。企業でのストレスチェックが義務化されたぐらいですからね。

——就職活動中の学生からの依頼もありますか？

ないわけではありませんが、働き始めてからストレスを感じる人のほうが多いです。

——仕事のどんなところにやりがいを感じますか？

やはり「相談してよかったです」「気持ちがすっきりしました」「気分が晴れました」と言われたときです。大きな病院では五分診療のところもあります。「お医者さんが怖くて、何も話せなかった」と言われることもあるので、私はじっくり話を聞くようにしています。「時間がかかったけど、よかったです」と言われるのもうれしいです。

――大学生にメッセージをお願いします。

大学では何の科目でもいいので、たくさん勉強してください。学生時代ほど勉強できる時間に恵まれるときはありません。社会人になってあれもこれも勉強したいと思っても、時間がなかったり、様々な理由で勉強することが大変だったりもします。私は学生時代にもっと勉強して、もっといろいろな人と会うべきだったと思います。学生なら、やる気さえあれば、会ってくれる人ばかりです。行動力を持って、怖がらずにいろいろな場所に出かけてほしいと思います。

――就職活動で悩んでいる大学生にもメッセージをお願いします。

きっと何とかなるから、と言いたいです。就職活動は真剣に考えるべきものですが、重く考える必要はありません。最悪の場合、内定が取れなくてもいいんです。どこかにチャンスが転がっています。テレビだけ、アナウンサーだけと思い続けているとよくないかもしれません。私も「アナウンサーになりたい」と固執した時期がありました。しかし、いまの時代は終身雇用制ではなく、途中で方向転換ができます。私はアナウンサーのスクールで、先生やスタッフ、チューターからも「どこでもいいから、とりあえず就職しなさい」と言われ、考え方を変えました。学生のときは言われていることがわからなかったのですが、いまになって、こういうことだったのだなとわかるようになりました。広い視野で、物事を見てほしいと思います。

おわりに

ひょんなことからお知り合いになった青弓社の矢野恵二さんに「本を出しませんか？」と声をかけていただいたのが本書を書いたきっかけです。矢野さんに「アナウンサーになりたい人は東京の大学に進学するとばかり思っていました。尾川さんのように、地方で生まれ育って、地方の大学に進学して、地方のアナウンサーになるというケースもあるんですね。そういう話をぜひ書いてください」と言われ、とてもありがたく思いました。私は高校生への進学や就職指導もしているので高校に行く機会が多いのですが、図書室や進路指導室の本棚に青弓社の『〇〇になろう！』シリーズが並んでいるのをよく見かけていました。それで、本書はアナウンサーの受験を始めようとする大学生だけでなく、アナウンサーという職業をよく知らない高校生にも読んでほしいと願って書き始めました。

しかし、私自身が就職活動をしたのはずいぶんと前のことだし、本を手に取ってくださったみなさんには現役のアナウンサーや採用担当者の話を中心に聞いてほしいと思ったので、多くの方々の話を所収しています。

二〇一一年に東京に住まいを移し、アプローズキャリアというスクールを始めました。スクール名に「アプローズ」を使ったのは、私は小学生の頃から宝塚歌劇のファンで、タカラヅカのショーやレビューに繰り返し出てくる「アプローズ」という言葉がとても好きだったからです。「applause」を辞書で引くと、「拍手」「喝采」「称賛」とあります。受講生のみなさんが人生のいろいろな場面で、拍手され称賛されてほしいと思ってつけました。ただ、人生はいいことばかりあるわけではありません。特に就職活動にあたっては、「なぜ内定しなかったのだろう」「あの人が通過したのに、私はなぜここを通過できなかったのだろう」という気持ちになることが少なからずあります。理不尽と思えることもあるかもしれません。しかし、あなたに拍手を送ってくれる企業や組織はどこかにあります。努力していれば、どこかで誰かが見ているのだと信じてほしいです。若いうちは努力を惜しまないでください。そして、自分が拍手をもらうことだけを考えて行動するのではなく、輝こうと努力している人を称賛してほしいと思います。

私はアナウンサー講座と並行して、公務員講座の講師も長く務めています。先日、「どういう人が公務員に向いていますか？」と質問されたので、これまでの合格者の顔を思い浮かべながら、「優しい人、責任感が強い人、誠実な人、協調性がある人、説明能力が高い人、メンタルを整えられる人、笑顔がいい人」と答えました。答え終わったとき、これは公務員だけでなく、アナウンサーをはじめ、すべての職業に求められる資質ではないかと気づきました。これからも私の前にいる受講生にこういう資質を身につけてもらえるような指導をしたうえで、社会に送り出していきたいです。

本書を執筆するにあたって、多くの方々にご協力をいただきました。青弓社の矢野さんをはじめ編集部のみなさんはいつも進捗状況を気にかけてくださいました。青弓社のみなさんのおかげで、こうして一冊の書籍が完成したことに心から感謝しています。また、お忙しいなか、私のインタビューに答えてくださった熊本放送の木村和也さん、放送局で働いているみなさん、放送局以外で働いているみなさん、本当にありがとうございました。そして、夫をはじめ、両親、妹、妹の家族や夫の家族、友人たちにも支えてもらいました。

私は様々なところで講師をしていますが、仕事先での経験がなければ本書を書けなかったと思います。仕事先のみなさんにも厚くお礼を申し上げます。ありがとうございました。

本書を読んでくださったみなさんの未来に多くのアプローズがあることをお祈りしています。

二〇一九年秋

尾川直子

[著者略歴]

尾川直子

（おがわ なおこ）

1971年、山口県生まれ

熊本大学文学部を卒業後、熊本放送に入社。アナウンサー、ディレクター、広報、編成などを経験し、2001年に退社。02年に大阪産業大学附属高等学校の非常勤講師を経て、03年に早稲田セミナー（現TAC）の講師になって放送局に多くのアナウンサーを送り出す。現在は東京でアプローズキャリアを主宰

アナウンサーという仕事《しごと》

発行 ――― 2019年10月28日　第1刷

定価 ――― 1600円＋税

著者 ――― 尾川直子

発行者 ――― 矢野恵二

発行所 ――― 株式会社青弓社

〒162-0801 東京都新宿区山吹町337
電話 03-3268-0381（代）
http://www.seikyusha.co.jp

印刷所 ――― 三松堂

製本所 ――― 三松堂

ISBN978-4-7872-3461-2　C0036